Photoshop CC
商品照片精修与网店美工实战手册

创锐设计 编著

机械工业出版社
China Machine Press

U0345428

图书在版编目（CIP）数据

Photoshop CC 商品照片精修与网店美工实战手册 / 创锐设计编著 . — 北京：机械工业出版社，2017.3
（2021.7 重印）
ISBN 978-7-111-56003-6

Ⅰ. ①P… Ⅱ. ①创… Ⅲ. ①图像处理软件－手册 Ⅳ. ① TP391.413-62

中国版本图书馆 CIP 数据核字（2017）第 029116 号

　　电子商务的本质就是用视觉形成转化率，它特殊的交易方式使得网店页面的视觉设计比实体店铺的装修更加重要。本书即以 Photoshop CC 为软件平台，结合大量典型实例，全面而系统地讲解了商品照片精修与网店美工设计的必备知识与技能。

　　全书内容按商品照片精修与网店装修设计的流程进行编排，共 10 章，可分为 3 个部分。第 1 部分讲解商品照片精修的基础知识。第 2 部分为商品照片精修专业技法，围绕商品照片的快速修复、光影调整、色彩调修、抠图与细节美化等核心技法进行讲解。第 3 部分为网店装修与美工设计实战，首先针对网店首页、宝贝详情页中不同区域的设计要点分别进行讲解，随后通过典型的综合性实例在应用中巩固所学。

　　本书结构清晰、内容翔实、实例精美，非常适合想自己装修网店的读者阅读，新手店主无须参照其他书籍即可轻松入门，对有一定网店装修经验的读者也有极高的参考价值，还可作为大中专院校电子商务相关专业或社会培训机构的教材。

Photoshop CC 商品照片精修与网店美工实战手册

出版发行：机械工业出版社（北京市西城区百万庄大街 22 号　邮政编码：100037）
责任编辑：杨　倩
印　　刷：北京富博印刷有限公司　　　　　　版　次：2021 年 7 月第 1 版第 5 次印刷
开　　本：190mm × 210mm　1/24　　　　　印　张：10.5
书　　号：ISBN 978-7-111-56003-6　　　　　定　价：59.00 元

客服电话：（010）88361066　88379833　68326294　　　投稿热线：（010）88379604
华章网站：www.hzbook.com　　　　　　　　　　　　　　读者信箱：hzit@hzbook.com

PREFACE 前 言

电子商务平台上的店铺和商品不计其数，竞争十分激烈，想要让消费者第一眼就动心，除了商品本身的价格与品质优势外，网店美工，即网店页面的装修设计是另一个关键因素。本书即以 Photoshop CC 为软件平台，结合大量典型实例，全面而系统地讲解了商品照片精修与网店美工设计的必备知识与技能。

内容结构

全书内容按商品照片精修与网店装修设计的流程进行编排，共 10 章，可分为 3 个部分。

第 1 部分为基础知识，包括第 1 章，主要讲解与商品照片精修相关的基本概念、商品照片精修中常用的 Photoshop 面板与工具等。

第 2 部分为商品照片精修专业技法，包括第 2 ～ 6 章，围绕商品照片的快速修复、光影调整、色彩调修、抠图与细节美化等核心技法进行讲解。

第 3 部分为网店装修与美工设计实战，包括第 7 ～ 10 章，首先针对网店首页、宝贝详情页中不同区域的设计要点分别进行讲解，随后通过典型的综合性实例在应用中巩固所学。

编写特色

●**理论与实践的紧密结合**：本书采用理论与实践相结合的编写方式，先分析知识和技术要点，再结合实例直观地讲解知识和技术的具体应用，让读者在实践中加深理解。

●**全面而典型的设计实例**：本书的实例选材广泛，涵盖服装、鞋包、饰品、家装、家电、美妆、数码产品等当前热门的商品类目，并且设计风格时尚而多样，具有极强的典型性和实用性，读者可以在实际工作中直接套用。

●**丰富的知识与技巧扩展**：书中以"专家提点"和"技巧"小栏目的形式提供大量摄影和设计小知识及软件操作诀窍，帮助读者开阔眼界、提高效率。

读者对象

本书非常适合想自己装修网店的读者阅读，新手店主无须参照其他书籍即可轻松入门，对有一定网店装修经验的读者也有极高的参考价值，还可作为大中专院校电子商务相关专业或社会培训机构的教材。

由于编者水平有限，在编写本书的过程中难免有不足之处，恳请广大读者指正批评，除了扫描二维码关注公众号获取资讯以外，也可加入 QQ 群 736148470 与我们交流。

编 者
2017 年 1 月

如何获取云空间资料

步骤 1：扫描关注微信公众号

在手机微信的"发现"页面中点击"扫一扫"功能，如右一图所示，进入"二维码 / 条码"界面，将手机摄像头对准右二图中的二维码，扫描识别后进入"详细资料"页面，点击"关注公众号"按钮，关注我们的微信公众号。

步骤 2：获取资料下载地址和提取密码

点击公众号主页面左下角的小键盘图标，进入输入状态，在输入框中输入 6 位数字"560036"，点击"发送"按钮，即可获取本书云空间资料的下载地址和提取密码，如右图所示。

步骤 3：打开资料下载页面

在计算机的网页浏览器地址栏中输入前面获取的下载地址（输入时注意区分大小写），如右图所示，按 Enter 键即可打开资料下载页面。

步骤 4：输入密码并下载资料

在资料下载页面的"请输入提取密码"文本框中输入前面获取的提取密码（输入时注意区分大小写），再单击"提取文件"按钮。在新页面中单击打开资料文件夹，在要下载的文件名后单击"下载"按钮，即可将其下载到计算机中。如果页面中提示选择"高速下载"还是"普通下载"，请选择"普通下载"。下载的文件如为压缩包，可使用 7-Zip、WinRAR 等软件解压。

CONTENTS　目　录

第1章 与修图相关的基础知识

运用修图软件对商品照片进行处理前，需要掌握一些与商品修图相关的基础知识，只有充分了解了图像处理的基本概念与必备的软件知识，才能快速完成商品照片的后期处理，获得更理想的图像效果。在本章中，会为读者介绍与商品照片修图相关的基本概念、修图软件 Photoshop 的主要功能等，通过对本章的学习，读者将会对修图有一个初步的了解。

本章重点

- 照片处理的基本概念
- 认识Photoshop CC界面构成
- 修图之前的首选项设置
- 修图中常用面板简介
- 掌握用于修图的主要工具

1.1 照片处理的基本概念

学习商品照片处理之前，需要对照片处理相关的专业术语和基本概念进行了解。在处理数码照片时，经常会提到如像素、分辨率、颜色模式以及图像格式等，这些均是商品照片处理过程中必须掌握的基本概念，只有清晰掌握这些概念在照片处理中的重要作用，才能在处理照片的过程中，轻松获得更有魅力的图像。本节会对这些知识一一进行讲解。

1.1.1 像素与分辨率

像素是计算数字图像的一个基础单位，也是构成图像的最小单元。像素的英文 Pixel 是由 Picture(图像) 和 Element(元素) 两个单词组成的。

像素与数码照片的清晰度密切相关，在点阵图像上照片会被转换为许多小方格，而这每个小方格就被称为像素。一张照片单位面积内所包含的像素越多，画面就越清晰，图像的色彩也就越真实。像素值越高的商品图像，经过后期处理后同样能保持较高的清晰度。将图像用 Photoshop 打开后，选用"缩放工具"在图像上不断单击，放大数倍后，可以清楚地看到画面中出现的小方块，如右图所示。

分辨率是指图像在一个单位长度内所包含像素的个数，以每英寸包含的像素数（ppi）进行计算。分辨率越高，所输出的就越清晰；分辨率越低，所输出的就越模糊。分辨率较高的图像可以在后期处理时根据需要进行更自由的裁剪，而分辨率较小的图像经过裁剪很容易变得模糊。

像素和分辨率共同决定了打印图像的大小，像素相同时，若分辨率不同，那么所打印出的图像大小也会不同。如左侧的两幅图像所示，当分辨率为 300 像素 / 英寸时，画面显示非常清晰，且保留了更多的细节信息；而当分辨率为 30 像素 / 英寸时，轻微地放大图像，就会导致画面变得模糊。

1.1.2 颜色模式

照片的色彩能够直观地反映出不同的商品特征。照片的精修离不开照片色彩的调整。Photoshop 中有数个不同的色系,称之为颜色模式,它是照片调色的基础,其中主要包括 RGB 颜色模式、CMYK 颜色模式、Lab 颜色模式、灰度模式、双色调模式、索引颜色模式等。在对商品照片进行后期处理时,可以根据照片最终用途,在各种颜色模式之间进行适时的转换。

■ 1. RGB颜色模式

RGB 颜色模式通过对红（R）、绿（G）、蓝（B）三个颜色通道的变化以及它们相互之间的叠加来得到各种各样的颜色。RGB 颜色模式是显示器所用的模式,也是 Photoshop 中最常用的一种颜色模式。在 Photoshop 中打开照片未进行编辑前,图像均显示为 RGB 颜色模式,在此模式下可以应用Photoshop 中的几乎所有的工具和命令来编辑图像。

在 RGB 颜色模式下,当三种颜色以最大饱和度的强度混合时便会得到白色,去掉所有三色时则会得到黑色。打开 RGB 颜色模式的图像后,在"通道"面板中可以看到 RGB 和红、绿、蓝四个通道。

■ 2. CMYK颜色模式

CMYK 颜色模式是一种印刷模式,其中四个字母分别指青（Cyan）、洋红（Magenta）、黄（Yellow）、黑（Black）,在印刷中它们分别代表四种颜色的油墨。CMYK 颜色模式与 RGB 颜色模式在本质上没有太大的区别,主要是产生色彩的原理有所不同,在 RGB 颜色模式中是由光源发出的色光混合生成颜色,而在 CMYK 颜色模式中是由光线照到有不同比例 C、M、Y、K 油墨的纸上,部分光谱被吸收后,反射到人眼的光而产生颜色。像 CMYK 颜色模式这种依靠反光来产生颜色的方法被称为色光减色法。

如果需要把处理后的照片打印出来,通常在打印之前要把处理后的照片转换为 CMYK 颜色模式。CMYK 颜色模式的图像在"通道"面板中会显示 CMYK 和青色、洋红色、黄色、黑色五个颜色通道。

■ 3．Lab颜色模式

Lab 颜色是由 RGB 三基色转换而来的，Lab 颜色模式是 RGB 模式转换为 HSB 模式和 CMYK 模式的一个桥梁。Lab 模式由三个通道组成，其中第一个通道为明度通道，另外两个通道为色彩通道，分别用字母 a 和 b 来表示。a 通道包括的颜色是由深绿色到灰色，再到亮粉色；b 通道是从亮蓝色到灰色，再到黄色。打开 Lab 颜色模式的图像，在"通道"面板中可看到该颜色模式下的通道组成。在 Lab 模式下定义的色彩最多，在处理照片时将图像转换为此模式后，通过调整可以让照片产生较明亮的色彩。

■ 4．灰度模式

灰度模式中只有黑、白、灰三种颜色而没有彩色，它是一种单一色调的图像，即黑白图像。在灰度模式下，亮度是唯一影响灰度图像的要素。灰度模式可以使用多达 256 级灰度来表现图像，使图像的过渡更平滑细腻。灰度图像的每个像素有一个 0（黑色）到 255（白色）之间的亮度值。在商品照片处理过程中，将图像转换为灰度模式，可以表现出古色古香的怀旧韵味。

1.1.3 ▸ 存储格式

Photoshop 支持的图片存储格式有很多，不同文件格式的存储方式和应用范围也不同。在 Photoshop 中执行"图像 > 存储"或"图像 > 存储为"菜单命令，打开"另存为"对话框，在对话框的"保存类型"下拉列表中即可查看或选择图像的存储格式，下面对几种常用的存储格式进行介绍。

■ 1. PSD格式

PSD 格式是 "Photoshop Document" 的缩写，是 Photoshop 软件的专用图像格式，它具有极强的操作灵活性，用户可以很便捷地更改或重新处理 PSD 格式的文件。在输出照片之前，最好选择 PSD 格式存储图像，以便能够随时对处理的照片进行修改。

PSD 格式保留了 Photoshop 中所有的图层、通道、蒙版、未栅格化的文字及颜色模式等信息，因此以该格式存储的图像所占用的存储空间也会更多。保存图像时，若需要保留编辑过程中所使用的图层，则一般都选用 PSD 格式。

■ 2. JPEG格式

JPEG 格式是数码相机用户最熟悉的存储格式，是一种可以提供优异图像质量的文件压缩格式。JPEG 格式可针对彩色或灰阶的图像进行大幅度的有损压缩，主要工作原理是利用空间领域转换为频率领域的概念，人的眼睛对高频的部分不敏感，因此就对该部分进行压缩，达到了减少文件大小的目的。一般情况下，若不追求过于精细的图像品质，都可以选用 JPEG 格式存储。JPEG 格式的图像多用于网络和光盘读物上。

■ 3. TIFF格式

TIFF 格式是一种非失真的压缩格式。TIFF 格式是文件本身的压缩，即把文件中某些重要的信息采用一种特殊的方式记录，文件可完全还原，能保留原有图像的颜色和层次，成像质量和兼容性都比较好。如果拍摄的数码照片将用于印刷出版，那么最好采用非压缩格式的 TIFF 格式，这样可以有效地保证照片的输出效果与计算机中的显示效果一致。

■ 4. PDF格式

PDF 格式是 Adobe 公司研发的一种跨平台、跨软件的专用文档格式。PDF 文件可以将文字、字型、格式、颜色以及独立于设备和分辨率的图形图像封装于一个文件中。以 PDF 格式存储的文件可包含超链接文本、声音及动态影像等，因此它的集成性和安全可靠性都比其他格式要高很多。PDF 格式文件使用了工业标准的压缩算法，比 PostScript 文件小，易于传输和储存，当需要将照片传给不同的人观看时，可以选择此格式，以提高传输速度。

■ 5. PNG格式

PNG 格式是专门为图像的网络展示开发的文件格式，它能够提供比 GIF 格式最多小 30% 的无损压缩图像文件，并且提供 24 位和 48 位真彩色图像支持及其他诸多技术性支持。在完成商品照片的处理后，可以选择以 PNG 格式存储，这样如果需要将图像上传至网络，不仅可提高上传速度，还便于在不同浏览器中快速阅览图像。

■ 6. Compuserve GIF格式

Compuserve GIF 格式最多只能存储 256 色的 RGB 颜色级数，因此，以该种格式存储的文件相比其他格式更小。与 PNG 格式相同，Compuserve GIF 格式也适用于网络图片的传输。因为 Compuserve GIF 格式存储的颜色数量有限，所以在存储之前，需要将图像转换为位图、灰度或索引等颜色模式，否则无法存储文件。

1.2 认识Photoshop CC界面构成

Photoshop 是最常用的商品照片后期处理软件，与其他照片处理软件相比，具有更为简洁、美观和人性化的操作界面，用户运用它能够快速完成商品照片的精修工作。

在计算机中安装 Photoshop CC 软件后，用户可以执行 Windows 任务栏中的 "开始 > 所有程序 >Adobe Photoshop CC" 菜单命令启动程序，也可以在桌面上创建快捷方式后双击，启动 Photoshop CC 应用程序。启动后的工作界面如下图所示，可以看到 Photoshop CC 的工作界面主要由菜单栏、选项栏、工具箱、面板等几部分组成。

菜单栏：提供了10组菜单命令，几乎涵盖了Photoshop中能使用到的所有菜单命令

选项栏：设置工具的选项，随着用户选择的工具的不同，所显示的选项也会不同

工具箱：以图标的方式将Photoshop的功能聚在一起，在工具箱中单击图标即可选中工具

图像编辑窗口：用于对图像进行绘制、编辑等操作，用户在Photoshop中对图像执行的所有操作效果都会反映在图像编辑窗口中

状态栏：显示当前图像的文件大小、显示比例等

面板：用于设置和修改图像，集合了Photoshop中一些功能相似的选项，使用面板中的选项可完成更准确的照片编辑

1.3 修图之前的首选项设置

运用 Photoshop 编辑的文件通常都非常大，大量信息用于存储那些记录着图像颜色的像素，当打开一张照片后，就会将相关的信息传送至计算机的内存中，并占用计算机系统的软硬件资源。因此，为了让后期处理更为流畅，在使用 Photoshop CC 对照片进行精修之前，可以先对首选项进行优化设置。

Photoshop 中的许多设置存储于 Adobe Photoshop CC Prefs 文件中，其中包括了常规显示选项、透明度选项、文件暂存盘等，这些选项都可以通过"首选项"对话框进行设置。启动 Photoshop CC 后，执行"编辑 > 首选项 > 常规"菜单命令，打开"首选项"对话框，如右图所示。

"首选项"对话框左侧显示了"常规""界面""同步设置""文件处理""性能""光标""透明度与色域""单位与标尺""参考线、网格和切片""增效工具""文字"多个选项卡，单击需要设置的选项卡，就会在右侧显示相应的参数设置。下面 3 幅图像分别展示了"文件处理""性能"和"参考线、网格和切片"三个选项卡中的选项。用户也可以单击"首选项"对话框右上角的"下一个"或"上一个"按钮，分别切换到下一个或上一个选项卡。

1.4 修图中常用面板简介

面板是面向对象的可视化操作平台，不但可以在其中进行一系列的设置，而且还是反馈信息的对象。使用 Photoshop 调色功能对照片进行后期调色时，常常会用到一个或多个面板，下面对一些在调色时经常会用到的面板进行简单的介绍。

1.4.1 "图层"面板

图层是处理图像信息的平台，在 Photoshop 中对照片做的任何操作都不能脱离图层单独进行。对图层进行应用，更改图层的混合模式，能够使图层产生特殊的效果。Photoshop 中应用"图层"面板来编辑和管理图像中的图层，在操作中出现的所有图层都能够在"图层"面板中查看到，如右图所示。在"图层"面板中可以选择不同类型的图层，并且可以创建新图层、复制图层、添加图层蒙版等。

1.4.2 "通道"面板

"通道"面板用于显示打开图像的颜色信息，通过设置通道达到管理颜色信息的目的。不同颜色模式的图像，其通道也不同。用 Photoshop 打开一张照片，单击工作窗口中的"通道"标签，将切换至"通道"面板，在面板中列出了当前图像中的所有通道，如右图所示。

位于"通道"面板最上层的通道为复合通道，其余通道为颜色通道。单击"通道"面板右上角的扩展按钮，将会弹出通道面板菜单，菜单中显示了所有的通道菜单命令，如左图所示。执行这些菜单命令，可在"通道"面板中创建新的 Alpha 通道、专色通道等，也可以对选择的通道进行复制等操作。

1.4.3 "调整"面板

"调整"面板用于快速创建非破坏性的调整图层，帮助用户快速、灵活地调整图像。在未显示"调整"面板的情况下，执行"窗口 > 调整"命令，就可以将隐藏的"调整"面板显示出来。

"调整"面板中列出了用于创建调整图层的多个按钮，单击按钮即可在"图层"面板中创建相应的调整图层。

1.4.4 "属性"面板

"属性"面板集中了所有调整图层的设置选项和蒙版选项。在"调整"面板中单击调整命令按钮后，"属性"面板中会显示对应的调整选项，如右图所示，在"属性"面板中设置选项，会将设置的选项应用于当前编辑的图像中。

在商品照片精修时，经常需要抠图，通过运用蒙版进行图像的抠取，可以根据需要对照片进行背景的替换。在图像上添加图层蒙版后，可以运用"属性"面板中的选项调整蒙版效果，如蒙版浓度、蒙版羽化、蒙版边缘、颜色范围、反相。如左图所示，单击"图层"面板中的蒙版缩览图，打开"属性"面板，在面板中即显示对应的蒙版选项。

1.5 掌握用于修图的主要工具

对于商品照片而言，前期的拍摄固然重要，但是后期的调修也必不可少，只有运用恰当的工具对照片进行精细的处理，才能表现出商品的特点，勾起观者购买的欲望。运用 Photoshop 处理商品照片时，经常会结合多种工具，对照片的构图、光影、色彩或形态进行修饰，让商品的图像变得更加美观，起到更好的宣传效果。下面对一些常用的修图工具进行简单的介绍。

1.5.1 规则选框工具

商品照片的后期处理离不开对象的选取，若要选取圆形、方形这些最简单的几何形状的商品对象，需要应用规则选框工具。在 Photoshop CC 中，规则选框工具包括"矩形选框工具""椭圆选框工具""单行选框工具"和"单列选框工具"，它们主要用于创建矩形、椭圆、单行和单列的规则选区。默认情况下选中"矩形选框工具"，打开图像后，在图像上单击并拖曳，将绘制出矩形选区效果。

如果需要选择工具箱中的其他规则选框工具，可以在工具箱中右击"矩形选框工具"按钮▦或是长按该按钮，将弹出隐藏的规则选框工具。选择"椭圆选框工具"，在图像中单击并拖曳鼠标，可绘制出椭圆形或正圆形选区；选择"单列选框工具"，在图像中单击，可创建出一条 1 像素宽的竖向选区；选择"单行选框工具"，在图像中单击，可创建出一条 1 像素高的横向选区。下面 3 幅图像分别为运用不同工具创建的选区效果。

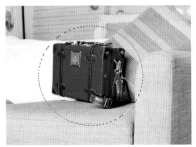  

规则选框工具仅适合于外形较为单一的商品对象的选取，在选择一些外形相对较复杂的商品对象时，就需要使用不规则选框工具。如果需要根据颜色选取图像，可以应用 Photoshop 中的"魔棒工具"和"快速选择工具"来完成。"魔棒工具"和"快速选择工具"都是根据图像中的颜色区域来创建选区，不同的是，"快速选择工具"根据画笔大小来创建选区，"魔棒工具"根据容差值大小来创建选区。长按或右击工具箱中的"魔棒工具"按钮，

在弹出的隐藏工具中可以选择"魔棒工具"和"快速选择工具"。

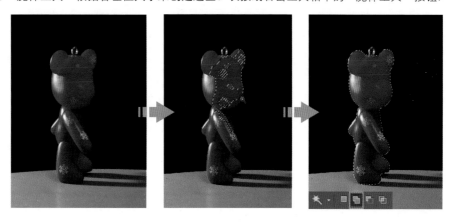

如右图所示，打开商品素材，选择"魔棒工具"，在商品图像上单击，创建选区，单击"添加到选区"按钮，连续在商品图像上单击后，可将整个商品图像添加到选区。

对于不规则对象的选取，除了应用"快速选择工具"或"魔棒工具"以外，还可借助"套索工具"组中的工具。"套索工具"组中的工具主要通过单击并拖曳的方式快速创建出选区。按住工具箱中的"套索工具"按钮不放，在弹出的隐藏工具中可看到"套索工具""多边形套索工具"和"磁性套索工具"，使用这三个工具能够准确地选中需要编辑的对象，实现更精细的图像修饰。

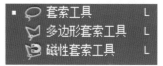

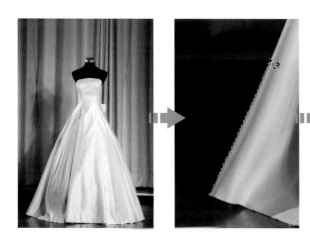

如左图所示，打开一张服饰素材，选择工具箱中的"磁性套索工具"，将鼠标移至裙子边缘位置，单击并拖曳鼠标，将会沿裙子边缘添加路径及锚点，在起点与终点重合时单击，即可创建选区，选中裙子部分。

1.5.3 图像修复类工具

拍摄商品照片时，经常会因为外在环境或商品自身的原因，导致拍摄出的照片出现一些不可避免的瑕疵。在处理照片时，需要使用 Photoshop 中的图像修复工具对照片中出现的各种瑕疵进行修复，重新获得干净而整洁的画面，使商品更容易突显出来。Photoshop 中常用的图像修复工具包括"污点修复画笔工具""修复画笔工具""修补工具""仿制图章工具"等，在具体的处理过程中，用户可以选择一个或多个工具来修复照片中出现的瑕疵。

打开一幅有瑕疵的鞋子素材，从原图像中可发现，背景中出现了一些与主题无关的多余图像，选择工具箱中的"修补工具"，在多余的图像位置创建选区，再将选区内的图像拖曳至干净的背景位置，释放鼠标，即可去除多余的图像，得到整洁的画面，使观者将注意力放在画面中的商品对象上。

1.5.4 图像美化类工具

商品照片的后期处理，除了需要修复照片中的瑕疵外，还可以对商品做进一步的美化处理，例如加深 / 减淡图像的局部色彩、对图像进行适当的锐化、抠取图像替换原背景等。通过对商品对象的美化，不但可以增加图像美观性，而且能吸引消费者的眼球。

下面的图像中，将喷溅的油漆叠加至鞋子图像上，运用"颜色替换画笔工具"更改其颜色，让油漆颜色与商品更统一，再抠取鞋子图像，选择"锐化工具"在鞋尖的位置涂抹，锐化图像，增强鞋子的皮质感，经过处理后可以看到画面变得更加绚丽。

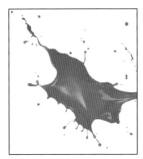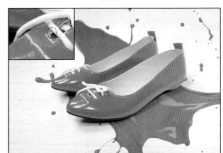

第2章　商品照片的快速修复

　　商品照片的快速修复包括修改照片的尺寸大小、快速去除照片污点和多余图像等。对于一些照片本身问题不大的照片，通常只需要几步简单的操作，就能使照片重新变得美观。在本章中，会对如何调整拍摄的商品照片的尺寸大小、构图方式进行讲解，同时也会介绍照片中的瑕疵的处理方法，读者通过对本章的学习，能够完成商品照片的快速调修。

本章重点

- 快速修改照片大小
- 扩展或缩小照片尺寸
- 快速裁剪照片
- 去除照片中出现的污点
- 去除照片中的多余影像
- 突出细节的仿制性修复

2.1 快速修改照片大小

数码相机拍摄出来的照片尺寸一般都非常大，这些大尺寸的照片会占据大量的存储空间，也不利于网络传输和浏览。因此在后期处理时，经常会对照片的尺寸和比例进行处理。对于商品照片而言，合理的尺寸大小便于观者直观地了解商品的外形及特点。

■ 应用要点——"裁剪"命令

Photoshop 中提供了一个用于快速裁剪照片的裁剪命令，使用此命令裁剪照片前，需要在图像中确认要保留的图像。

打开一张项链素材图像，为了让观者看清楚图中的项链，选用"矩形选框工具"在项链上方单击并拖曳鼠标，创建矩形选区，执行"图像 > 裁剪"菜单命令，执行命令后可看到选区外的图像被裁剪掉，只保留了选区中的项链，使画面中要表现的商品更加突出。

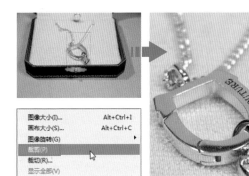

示例 突出商品特征的对称式构图

效果图

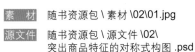

素　材　随书资源包 \ 素材 \02\01.jpg

源文件　随书资源包 \ 源文件 \02\
突出商品特征的对称式构图 .psd

原　图

01 打开素材文件，选择"背景"图层，按下快捷键 Ctrl+J，复制图层，得到"图层 1"图层。

02 按下快捷键 Ctrl+T，打开自由变换编辑框，然后在选项栏中输入角度为 -0.75，再按下键盘中的 Enter 键，按输入的角度旋转图像。

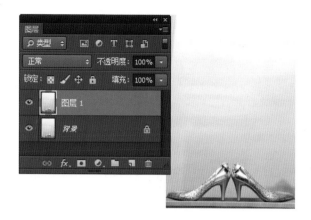

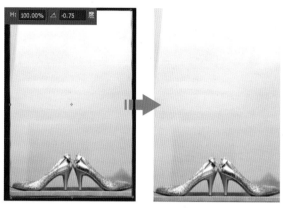

03 选择工具箱中的"矩形选框工具"，将鼠标移至图像下部分位置，单击并拖曳鼠标，绘制出矩形选区。

04 执行"编辑 > 变换选区"菜单命令，打开自由变换编辑框，单击并拖曳编辑框的各边线，调整编辑框的大小。

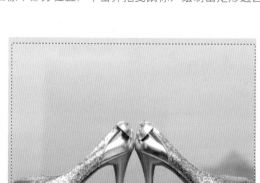

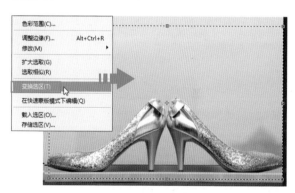

05 确认调整后的选框大小后，按下键盘中 Enter 键，应用变换效果，得到更为标准的矩形选区，并显示选区中的鞋子对象，执行"图像 > 裁剪"菜单命令，按照绘制的矩形选区的大小裁剪打开的图像，得到左右对称的构图效果。

2.2 扩展或缩小照片尺寸

前面介绍了使用"裁剪"命令裁剪照片，修改照片的大小，在 Photoshop 中还可以使用"画布大小"命令来扩展或缩小照片尺寸。画布是图像中可以编辑的区域，Photoshop 中"画布大小"命令主要就是用来调整编辑图像的大小，用户可以通过它来扩展或缩小画布，达到更改照片尺寸的目的。

■ 1. 应用要点——扩展画布

对照片的大小进行调整时，可以应用 Photoshop 中的"画布大小"命令进行设置。"画布大小"命令主要通过调整制作图像的区域大小来控制当前图像大小，使用此命令可以快速地扩展或缩小照片的尺寸。

打开一张商品照片后，执行"图像 > 画布大小"菜单命令，将打开"画布大小"对话框，对话框的上部分显示了当前打开图像的大小，下方"新建大小"区域则可以输入新的画布大小，输入的数值比原数值大时，就将扩展画布效果，如右图所示。

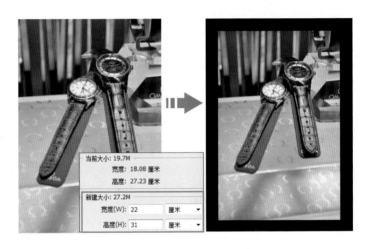

使用"画布大小"命令扩展画布大小时，可以更改扩展画布的颜色。单击"画布扩展颜色"下拉按钮，在打开的下拉列表中可以选择扩展画布颜色，其中包括前景色、背景色、黑色、白色等。如果这些预设颜色不适合当前打开的照片，用户也可以自定义扩展画布颜色，即单击右侧的颜色块，打开"拾色器（画布扩展颜色）"对话框，在对话框中单击并输入 RGB 值，可更改画布扩展颜色，如左图所示。

■ 2．应用要点——缩小画布裁剪照片

使用"画布大小"命令不但可以扩展画布大小，也可以裁剪图像，缩小照片尺寸。当在"画布大小"对话框中输入的新建大小比原图像的宽度和高度值小时，单击"画布大小"对话框右侧的"确定"按钮，Photoshop 将会弹出一个提示对话框，此对话框会询问用户是否需要对照片进行裁剪，单击"继续"按钮，就会根据输入数值，裁剪照片，如右图所示。

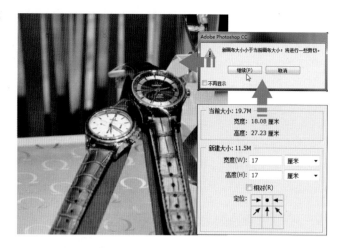

📷 示例　定义适合表现商品的照片尺寸

效果图

素　材	随书资源包 \ 素材 \02\02.jpg
源文件	随书资源包 \ 源文件 \02\
	定义适合表现商品的照片尺寸 .psd

原图

01 打开素材文件，执行"图像 > 画布大小"菜单命令，打开"画布大小"对话框，在对话框中显示当前所打开图像的原始宽度和高度。

02 单击"厘米"下拉按钮，选择单位为"像素"，然后重新输入照片的尺寸大小，设置"宽度"为 1800 像素，"高度"为 1200 像素。

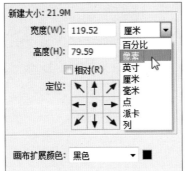

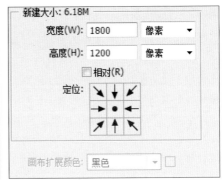

03 单击"确定"按钮，弹出提示对话框，单击对话框中的"继续"按钮，根据输入的数值，裁剪照片，再复制"背景"图层，更改图层混合模式为"柔光"、"不透明度"为 50%。

技巧 自动裁剪并修齐照片

为了更好地向观者展示商品效果，拍摄者从不同的角度对商品进行拍摄，在后期处理时可以把这些拍摄的照片扫描至个人电脑中并对其进行整理。如果在扫描多张照片时，照片摆放的位置不正，则很有可能导致扫描出的照片倾斜，为后期处理带来一些不必要的麻烦。在 Photoshop 中提供了一个"裁剪并修齐照片"菜单命令，用于解决这一问题。打开扫描的照片后，执行"文件 > 自动 > 裁剪并修齐照片"菜单命令。

执行该命令后，稍等片刻，系统将自动识别到图像的边界，将扫描的多幅图像自动裁剪并修齐，并将这些图像分别放置到不同的文件中。

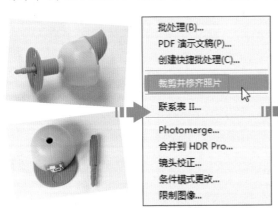

2.3 快速裁剪照片

在拍摄商品时，往往为了突出画面的主体，而忽略了画面的整体构图，在后期处理时，可以应用"裁剪工具"对照片的构图进行设置，使拍摄出来的商品更富有美感。使用"裁剪工具"对照片进行简单的操作后，不仅会让主体商品更加突出，而且会更适合于商品局部的细节展现。

💡 **专家提点：在数码相机中设置长宽比**

许多数码相机都具有设置照片长宽比例的功能，在拍摄照片之前，可以在相机内直接通过设置获取不同长宽比的照片，这样在后期裁剪时可以更快地得到理想的构图效果。

■ **1．应用要点——用裁剪工具自由裁剪**

为了更好地向观者展示商品的特色，在后期处理时需要对照片进行适当的裁剪操作。使用"裁剪工具"可以快速地裁剪照片，将图像中需要突出显示的部分保留下来，而其他部分的图像则可以删除掉。运用"裁剪工具"裁剪照片还可以对照片进行二次构图，改变图像的视觉效果。

打开一张在室外拍摄的服饰商品照片，单击工具箱中的"裁剪工具"按钮，将鼠标移至画面中，单击并拖曳鼠标，绘制裁剪框，将需要保留的图像添加至裁剪框以内，如右图所示。

运用"裁剪工具"在图像上绘制裁剪框以后，还可以根据具体情况，调整裁剪框的大小和位置。如果觉得裁剪范围合适，则可以右击裁剪框中的图像，在弹出的菜单中执行"裁剪"命令或单击选项栏中的"提交当前裁剪操作"按钮，裁剪照片，将裁剪框以外的图像裁剪掉，如左图所示。

■ 2. 应用要点——按预设大小快速裁剪

如果在裁剪照片时，无法确定裁剪的范围，我们可以尝试应用 Photoshop 中预设选项来快速裁剪照片。选择工具箱中的"裁剪工具"后，单击"比例"选项右侧的下拉按钮，在展开的下拉列表中可以看到系统提供的多个预设裁剪值，其中包括了"4×5 英寸 300ppi""8.5×11 英寸 300ppi""1024×768 像素 92ppi"等。选择其中一个选项后，将根据此选项，调整裁剪框的大小并对照片进行裁剪操作。

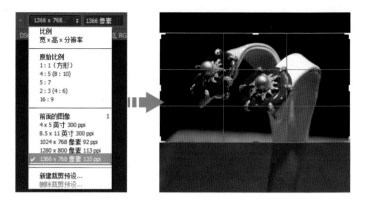

示例 裁剪照片突出美味的曲奇饼干

效果图

| 素材 | 随书资源包 \ 素材 \02\03.jpg |
| 源文件 | 随书资源包 \ 源文件 \02\ 裁剪照片突出美味的曲奇饼干 .psd |

原图

---

01 打开素材文件,选择工具箱中的"裁剪工具",在画面中的饼干所在位置单击并拖曳鼠标,绘制一个裁剪框,然后运用鼠标拖曳裁剪边框线,将裁剪框调整至合适大小。

02 单击工具箱中的"选择工具"按钮，弹出提示对话框在对话框中单击"裁剪"按钮，根据设置的裁剪框裁剪照片，突出裁剪框内的美味的曲奇饼干。

03 新建"选择颜色1"调整图层，打开"属性"面板，在面板中选择"黄色"选项，分别拖拽下方的滑块至 -42、+31、+6、-3 位置，在图像窗口中可看到更明亮的画面效果。

(技巧 01) **用裁剪参考线辅助裁剪**

　　使用"裁剪工具"裁剪照片时，用户可以对预选的裁剪参考线进行更改，默认情况下，选择"三等分"选项，单击"裁剪工具"选项栏中的"设置裁剪工具的叠加选项"按钮，在展开的下拉列表中即可选择适合于当前照片裁剪操作的裁剪参考线。

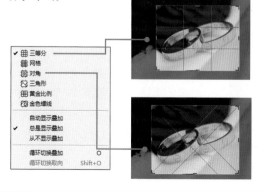

(技巧 02) **定义适合于商品主体的图像裁剪**

　　通过对照片进行裁剪，可以更好地完成商品效果的展示。在"裁剪工具"选项栏中提供了"宽度"和"高度"两个数值框，用户可以根据需要裁剪的照片尺寸大小，设置裁剪的宽度和高度比例或像素值，快速将照片裁剪至指定的大小。当用户在这两个选项旁边的数值框中输入数值后，图像中将创建与之同等大小的裁剪框，按下Enter键就可以裁剪图像。

2.4 去除照片中出现的污点

照片中若出现多余的污点，不但会影响画面美感，而且会降低照片品质，在后期处理时，需要去除这些影响画面效果的污点。使用"污点修复画笔工具"或"修复画笔工具"，可以在图像中连续单击或涂抹，去除照片中出现的明显污点或瑕疵，得到干净而整洁的画面效果。

■ 1. 应用要点——污点修复画笔工具

"污点修复画笔工具"可快速移去照片中的污点和其他不理想部分，通过简单的单击即可完成。"污点修复画笔工具"会自动从所修饰区域的周围取样，来修复有污点的像素，并使样本像素的纹理、光照、透明度和阴影与所修复的像素相匹配。打开有污迹的照片，选择工具箱中的"污点修复画笔工具"，在照片中的污点位置连续单击，去除照片中出现的镜头污点，如下图所示。

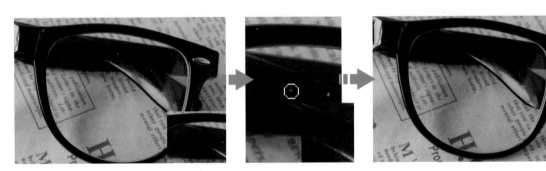

■ 2. 应用要点——修复画笔工具

"修复画笔工具"与"污点修复画笔工具"的功能相近，也可用于修复照片中的各类瑕疵。不同的是，使用"修复画笔工具"在修复瑕疵时，需要先在图像中设置修复源，即按下 Alt 键不放，在干净的图像位置单击，然后在污点瑕疵位置涂抹，进行瑕疵的修复操作，如左图所示。

📷 示例 去除污点瑕疵让饰品更完美

效果图

素材　随书资源包 \ 素材 \02\04.jpg
源文件　随书资源包 \ 源文件 \02\
去除污点瑕疵让饰品更完美 .psd

原　图

---

01 打开素材文件，选择工具箱中的"缩放工具"，在图像上连续单击，放大图像，此时在图像中会看到明显的污点。

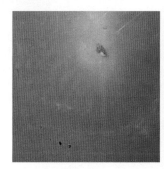

02 选择"背景"图层，拖曳至"创建新图层"按钮上，释放鼠标，复制图层，得到"背景拷贝"图层，选择"仿制图章工具"，按下 Alt 键不放，在干净的背景区域单击，取样图像。

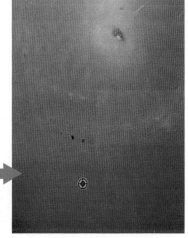

技巧 01　复制并修复图像

　　在使用 Photoshop 去除商品污渍、灰尘等瑕疵前，通常需要对图像进行复制操作，便于用户能直观地查看图像修复前与修复后的效果。在"图层"面板中选中要复制的图层，并将其拖曳至"创建新图层"按钮上，释放鼠标后，就可以完成图层的复制操作，并生成对应的拷贝图层。

03 将鼠标移至原照片中的污点位置，单击并涂抹，修复图像上出现的污点，让画面变得干净。

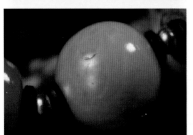

04 选择"仿制图章工具"，按下 **Alt** 键不放，在反光图像旁边的红色区域单击，取样图像，再移至珠子图像中的白色高光位置，单击并涂抹，修复图像。

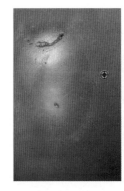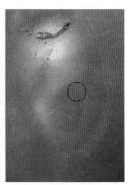

05 继续使用"仿制图章工具"在画面中的其他污点和反光位置单击并涂抹，经过反复取样及涂抹操作，削弱珠子上面的反光。

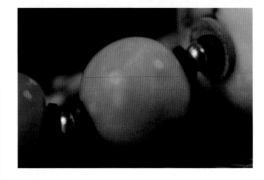

可视化的污点修复

技巧 02

　　为了便于能够清楚地查看照片中的污点等瑕疵，可以运用 Lightroom 中的"污点去除工具"来进行照片污点的修复。使用"污点去除工具"修复污点时，不但可以调整要修复的污点图像，也可以用于对修补的图像进行调节。将照片导入 Lightroom 以后，单击窗口右侧的"污点去除工具"按钮，在图像中单击并拖曳，可看到 Lightroom 选用干净的商品区域修复原涂抹区域上的污点瑕疵。

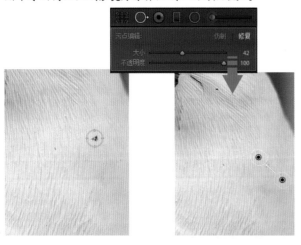

06 执行"滤镜 > 杂色 > 减少杂色"菜单命令，打开"减少杂色"对话框，在对话框中输入"强度"为 **10**、"保留细节"为 **22**、"减少杂色"为 **14**、"锐化细节"为 **24**，设置后单击"确定"按钮，应用滤镜减少照片中的杂色。

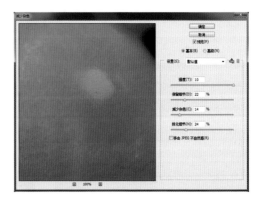

2.5 去除照片中的多余影像

摄影者在对商品进行拍摄时,往往需要将其放置到一定的环境中,当拍摄的照片中出现了多余的图像时,就需要通过后期处理加以删除。使用 Photoshop 中的"修补工具"可以快速去除照片中出现的多余图像,还原干净而整洁的图像。

■ 应用要点——修补工具

如果需要对照片中大面积的污点进行修复操作,选用"污点修复画笔工具"和"修复画笔工具"会显得很麻烦,此时可以运用"修补工具"来实现。"修补工具"可以用其他区域或图案中的像素来修复选中的区域,并且可以将样本像素的纹理、光照和阴影与源像素进行匹配。使用"修补工具"修补图像前,需要在图像中将要修补的区域创建为选区,再将选区拖曳至替换的区域中,释放鼠标后方可进行图像的修复操作,如右图所示。

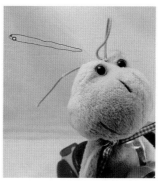
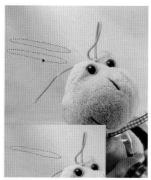

📷 示例 修复照片中杂乱背景突出商品主体

效果图

| 素 材 | 随书资源包 \ 素材 \02\05.jpg |
| 源文件 | 随书资源包 \ 源文件 \02\ 修复照片中杂乱背景突出商品主体 .psd |

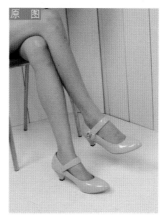

原图

01 打开素材文件,单击工具箱中的"裁剪工具"按钮,并取消"删除裁剪的像素"复选框的勾选状态,设置后在图像中单击并拖曳鼠标,绘制裁剪框,根据图像大小调整裁剪框。

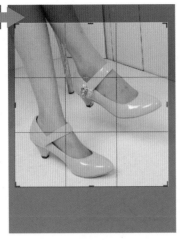

02 右击裁剪框中的图像,在弹出的快捷菜单中执行"裁剪"命令,将裁剪框以外的图像裁剪掉。

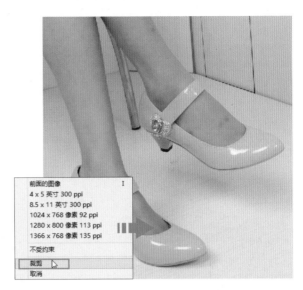

03 选择工具箱中的"修补工具",在图像中的墙面纹理位置单击并拖曳鼠标,绘制一个选区,再将选区内的图像拖曳至右侧干净的墙面位置,释放鼠标就可以运用干净的墙面图像修复原选区内的图像。

04 选择"修补工具",在其他杂乱的背景位置单击并拖曳鼠标,创建选区,再将选区内的图像拖曳至干净的位置,释放鼠标,修补图像。

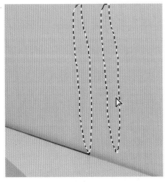
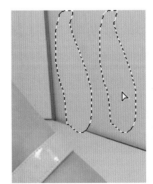
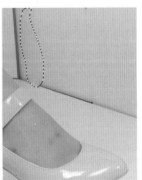

保留裁剪图像便于更改裁剪范围

　　"裁剪工具"选项栏提供了一个"删除裁剪的像素"复选框,默认情况下,会勾选此复选框,即会将裁剪框以外的图像裁剪;若取消勾选,则可以将裁剪框外的图像隐藏起来,并未做真正的删除,用户可以随时对裁剪范围进行调整,同时"图层"面板中的"背景"图层会自动转换为"图层0"图层。

05 继续使用"修补工具"对鞋子旁边的多余椅子图像进行修补操作，去除影响画面效果的多余杂物。

技巧
02
用目标复制图像

在"修补工具"选项栏中提供了"源"和"目标"两个单选按钮，默认选中"源"单选按钮，此时将选区边框拖曳至要想从中进行取样的区域，则原来选中的区域会使用样本像素进行修补，若单击"目标"单选按钮，此时将选区边界拖曳至要修补的区域，则会使用样本像素修补选定的区域。

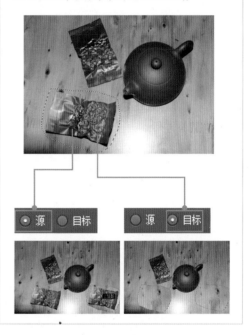

06 选择工具箱中的"修复画笔工具"，按下 **Alt** 键不放，在干净的背景上单击，取样图像，然后在没有修补整洁的背景中涂抹，继续进行图像的修复处理，经过反复的修复处理，去掉多余的凳子，得到更为干净的画面效果。

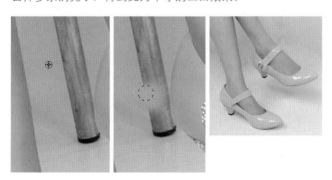

07 单击"调整"面板中的"色阶"按钮，新建"色阶1"调整图层，在打开的"属性"面板输入色阶值为5、1.28、255，调整照片的明亮度，再添加图层蒙版，运用画笔在鞋子及旁边背景位置涂抹，还原涂抹区域内的图像的明亮度。

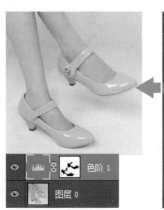

2.6 突出细节的仿制性修复

在后期处理时，为了让杂乱的画面变得干净，可以使用"仿制图章工具"对照片中的污点及多余图像进行仿制性的修复。使用"仿制图章工具"修复图像时，可以对仿制图像的不透明度进行调整，可使画面中较微小的细节都能够非常自然地融合在一起。

专家提点：选择简单的布景让画面更干净

在摄影棚内拍摄商品时多采用纯色背景布来拍摄，这样可以让拍摄出来的画面更干净，同时也能起到突出主体商品的作用。在具体拍摄时，可以适当调整拍摄角度，在获得干净画面的同时也赋予商品立体感。

■ 应用要点——仿制图章工具

"仿制图章工具"可以将指定的图像区域如同盖章一样，复制到指定的区域中，也可以将一个图层的一部分绘制到另一个图层。"仿制图章工具"对于复制对象或移去图像中的缺陷很有用，在使用此工具时，需要先指定复制的基准点，即按住 Alt 键单击需要复制的位置进行图像的取样操作，如右图所示。

 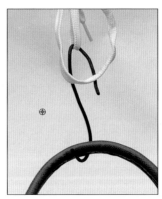

取样图像以后，将鼠标移至需要去除的多余图像上涂抹，就会运用取样区域的图像替换该涂抹区域的图像。在具体的操作过程中，用户可以按下键盘中的 [键或] 键，调整画笔涂抹的笔触大小，也可以重复进行取样、涂抹操作，进行更自由的图像仿制修复操作，如左图所示，直至画面变得干净为止。

示例　仿制图像去除照片中的多余物体

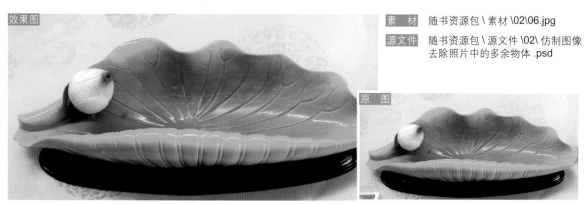

素材　随书资源包 \ 素材 \02\06.jpg

源文件　随书资源包 \ 源文件 \02\ 仿制图像
去除照片中的多余物体 .psd

01 打开素材文件，选择"背景"图层，执行"图层 >
复制图层"菜单命令，打开"复制图层"对话框，单击
"确定"按钮，复制图层，得到"背景拷贝"图层。

02 单击工具箱中的"仿制图章工具"按钮，选中
"仿制图章工具"，按下 **Alt** 键不放，在图像中单击，取
样图像。

03 取样图像后，将鼠标移至图像左下角的价签位置，
单击并涂抹，用取样的图像替换左下角的价签。

技巧01 定义仿制图像的不透明度

运用"仿制图章工具"仿制修复图像时，为了使取样区域的图像能够与下方的图像更自然地融合到一起，可以在仿制图像前利用选项栏中的"不透明度"选项，调整图像仿制的效果。设置的"不透明度"值越大，仿制的图像效果越明显；"不透明度"越小，仿制的效果就越不明显。

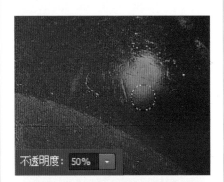

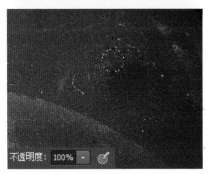

技巧02 对齐仿制图像

在"仿制图章工具"选项栏中设置了一个"对齐"复选框，默认已勾选此复选框，在每次停止并重新开始绘画时使用最新的取样点进行绘制。若取消勾选，则会从初始取样点开始绘制，与停止重新开始绘制的次数无关。

04 继续使用"仿制图章工具"在价签位置涂抹操作，修复左下角的价签图像。

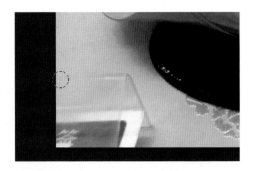

05 按下 Alt 键不放，再次在价签旁边单击取样图像，继续在价签位置反复地涂抹，经过繁杂的涂抹操作后，可以看到去除了图像中明显价签对象，得到了更干净的画面效果。

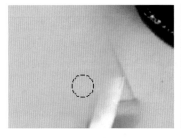

06 盖印图层，执行"滤镜>Camera Raw 滤镜"菜单命令，打开"Camera Raw"对话框，在对话框中单击"细节"按钮，切换至"细节"选项卡，在选项卡中输入"颜色"为50，"颜色细节"为 12，单击"确定"按钮，去除照片中的杂色。

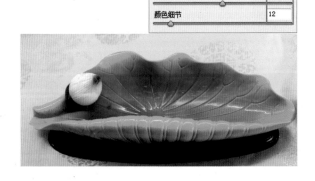

第3章　商品照片的光影调整

　　曝光对照片效果有着非常重要的影响，商品照片自然也不例外。在后期处理时，可以运用 Photoshop 对照片的曝光度、明亮度及对比度进行调整，修复照片中的光影问题，使画面中的商品主体更加符合其品质的表现。本章将讲解如何运用 Photoshop 中的调整命令和调整图层调整商品照片的光影，让画面中的商品更加吸引人。

本章重点

● 照片曝光度掌控

● 照片的亮度和对比度的处理

● 图像明暗的快速调整

● 局部的明暗处理

● 照片暗部与亮部的细节修饰

3.1 照片曝光度掌控

对于一些曝光不准确的照片，可以在后期处理中，对照片的曝光度进行调整，修复曝光不足或曝光过度的图像。使用 Photoshop 中的"曝光度"命令可以运用预设的曝光度快速调整照片的曝光情况，也可以通过拖曳选项滑块，让照片恢复到正常曝光状态。

■ 应用要点——"曝光度"命令

Photoshop 中的"曝光度"命令，通过添加或降低曝光量来校正照片中的不准确曝光。要调整曝光度时，在 Photoshop 中打开照片，执行"图像 > 调整 > 曝光度"菜单命令，打开"曝光度"对话框，在对话框中输入数值或拖曳选项滑块即可对照片的曝光进行调整。

打开一张拍摄的曝光不足的商品照片，如右图所示，执行"曝光度"命令后，打开"曝光度"对话框，在对话框中向右拖曳"曝光度"滑块至 +3.39 位置，再将"灰度系数校正"滑块拖曳至 0.95，设置后可看到画面变得更明亮。

专家提点：关闭闪光灯拍摄精美小饰品

商品的拍摄是为了真实地还原场景中被摄物体的材质和色彩，因此在拍摄饰品时，如非特别需要可以关闭闪光灯，避免因光线较硬而产生强烈的反光效果，影响画面的整体效果。

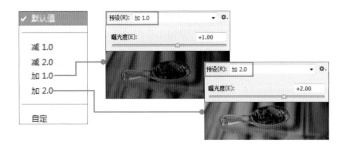

使用"曝光度"命令时，可以通过选用预设的曝光调整参数快速调节照片的曝光情况。在"曝光度"对话框中单击"预设"下拉按钮，在展开的下拉列表中可看到系统预设的"减1.0""减2.0""加1.0"和"加2.0"四个预设曝光值，选择任意一个选项，下方的"曝光度"值都会自动发生变化，如左图所示。

技巧 调整图层的应用

在 Photoshop 中进行照片的光影和色彩调整，除了使用"图像 > 调整"中的菜单命令外，还可以通过"调整"面板创建调整图层来完成。调整图层提供的参数选项和达到的效果与菜单命令完全一样，但使用起来更灵活、更方便，因此，本章和第 4 章中的示例都将使用调整图层进行商品照片的光影和色彩调整。

示例　让曝光不足的商品变得明亮起来

效果图

原图

素　材　随书资源包 \ 素材 \03\01.jpg

源文件　随书资源包 \ 源文件 \03\ 让曝光不足的
　　　　商品变得明亮起来 .psd

01　打开素材文件，可以在预览窗口中查看到曝光不足的效果，打开"调整"面板，单击面板中的"曝光度"按钮，新建"曝光度"调整图层。

02　打开"属性"面板，在面板中将"曝光度"滑块拖曳至 **+5.38** 位置，将"灰度系数校正"滑块拖曳至 **0.81** 位置，设置后可看到原本较暗的图像变得明亮起来。

03　选择"画笔工具"，在"画笔预设"选取器中选择第一个画笔，然后将"大小"设置为 **250** 像素，在选项栏中调整画笔不透明度和流量，在曝光过度的位置涂抹。

应用"曝光度"命令调整照片曝光时，除了可以通过设置参数或拖曳选项滑块来控制画面曝光度外，还可以利用吸管工具取样黑、灰、白场，快速自动校正曝光度。默认情况下选择"在图像中取样以设置黑场"按钮，在此情况下可设置"位移"参数，并同时将所单击的像素转变为黑色。如果单击"在图像中取样以设置灰场"按钮，则可设置"曝光度"，同时将所单击的像素变为中度灰度。如果单击"在图像中取样以设置白场"按钮，可设置"曝光度"，并将所单击的像素更改为白色。

04 按下键盘中的 [键或] 键，调整画笔笔触大小，继续在曝光过度的图像上涂抹，适当降低其曝光，再按下快捷键 Ctrl+Shift+Alt+E，盖印图层，得到"图层1"图层。

05 执行"滤镜 >Camera Raw 滤镜"菜单命令，打开"Camera Raw"对话框，在对话框中单击"细节"按钮，展开"细节"选项卡，在选项卡中设置"颜色"为 50，"颜色细节"为 25，设置后单击"确定"按钮。

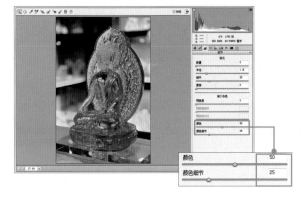

06 选中"图层1"图层，按下快捷键 Ctrl+J，复制图层，得到"图层1拷贝"图层，设置图层混合模式为"柔光"、"不透明度"为 30%，增强色彩对比。

07 按下快捷键 Ctrl+Shift+Alt+E，盖印图层，得到"图层2"图层，选中"图层2"图层，设置图层混合模式为"叠加"。

08 执行"滤镜 > 其他 > 高反差保留"菜单命令,打开"高反差保留"对话框,在对话框中输入"半径"为 **4** 像素,单击"确定"按钮,得到更清晰的纹理。

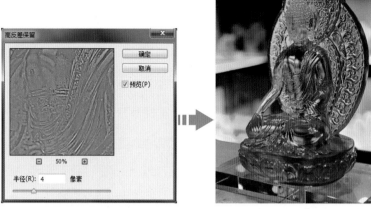

技巧 02 **快速调整RAW格式照片的曝光**

通常情况下,"曝光度"命令适用于 JPEG 格式照片的曝光调节,而对于 RAW 格式的照片来讲,最好的调整曝光的方法还是使用 Camera Raw 程序。将 RAW 格式照片在 Camera Raw 窗口中打开以后,单击"基本"选项卡中的"自动"按钮,就可以快速设定适合于照片的曝光、对比度等。

技巧 03 **自定义适合照片的曝光调整**

除了可以应用 Photoshop 中的"曝光度"命令调整照片的曝光度外,也可以使用 Lightroom 中的快速修改照片功能更改照片的曝光。将拍摄的商品照片导入到 Lightroom 中,然后在"图库"模式中单击"快速修改照片"面板右侧的倒三角形按钮,展开"快速修改照片"面板,在面板中即可看到一个"曝光度"调节按钮,每单击一次"曝光度"右向单箭头就会增加 1/3 挡曝光,单击一次右向双箭头就会增加 1 挡曝光;反之,每单击一次"曝光度"左向单箭头就会降低 1/3 挡曝光,单击一次左向双箭头就会降低 1 挡曝光。

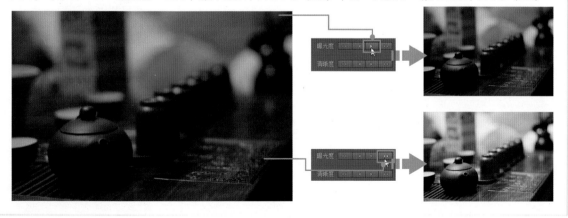

3.2 照片的亮度和对比度的处理

亮度和对比度共同决定了画面的整体效果，当商品照片的亮度、对比度不能很好地表现出商品的特点时，就需要通过后期处理，调整照片的亮度和对比度。Photoshop 提供了一个专门用于精细调整亮度和对比度的菜单命令，即"亮度 / 对比度"命令。

■ 1. 应用要点——手动设置亮度/对比度

亮度和对比度共同决定了画面的显示效果，在 Photoshop 中，使用"亮度 / 对比度"命令可以对图像的亮度和对比度进行快速调节，使调整后的图像整体变暗或变亮。

如右图所示，打开一张因光线不足而较暗的素材图像，执行"图像 > 调整 > 亮度 / 对比度"菜单命令，打开"亮度 / 对比度"对话框，在对话框中将"亮度"设置为 80，"对比度"设置为45，单击"确定"按钮，应用设置调整图像的亮度和对比度，使偏暗的玩具图像变得明亮起来。

■ 2. 应用要点——自动亮度/对比度

为了让明暗对比不够出色的图像恢复到最自然的影调效果，在使用"亮度 / 对比度"命令调整图像时，可以尝试运用自动亮度 / 对比度选项进行调整。如右图所示，在"亮度 / 对比度"对话框中，单击"自动"按钮，系统将会根据打开的图像情况，自动调整"亮度"和"对比度"值，调整后勾选"预览"复选框，在图像窗口中就会查看到应用自动亮度 / 对比度调整后的图像效果。

示例　调整明暗突出商品的层次

效果图

原图

素材　随书资源包 \ 素材 \03\02.jpg

源文件　随书资源包 \ 源文件 \03\ 调整明暗
　　　　突出商品的层次 .psd

01 打开素材文件，在图像窗口中可以看到画面太暗，打开"调整"面板，单击面板中的"亮度 / 对比度"按钮，新建"亮度 / 对比度 1"调整图层。

02 打开"属性"面板，在面板中将"亮度"滑块拖曳至 100 位置，将"对比度"滑块拖曳至 24 位置，此时在图像窗口中会看到提亮了图像、增强了对比后画面变得明亮起来。

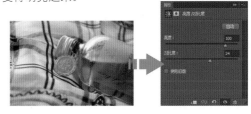

03 选择"背景"图层，执行"选择 > 色彩范围"菜单命令，打开"色彩范围"对话框，在对话框中设置"颜色容差"为 75，再运用"添加到取样"工具在亮部区域单击，设置选择范围，单击"确定"按钮，创建选区。

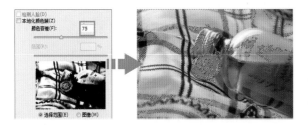

04 单击"调整"面板中的"亮度 / 对比度"按钮，新建"亮度 / 对比度 2"调整图层，并在"属性"面板中输入"亮度"为 33、"对比度"为 7，提亮选区，增强对比。

第3章　商品照片的光影调整　45

05 按下 **Ctrl** 键不放，单击"亮度／对比度 2"图层蒙版，载入选区，执行"选择 > 反向"菜单命令，反选选区，新建"亮度／对比度 3"调整图层，并在"属性"面板中设置选项，调整选区亮度和对比度。

06 为了让图像更清晰，可以对其进行锐化处理。盖印图层，得到"图层 1"图层，执行"滤镜 > 其他 > 高反差保留"菜单命令，打开"高反差保留"对话框，在对话框中输入"半径"为 **6.0** 像素，单击"确定"按钮，锐化图像。

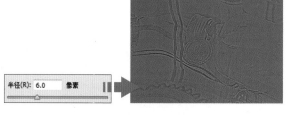

技巧 01 调整RAW格式照片对比度

　　为了便于数码照片的后期处理，拍摄者往往会将照片以 RAW 格式存储。对于 RAW 格式照片，可以使用 Camera Raw 中的"基本"选项卡调整照片的对比度。在"基本"选项卡中设置了一个"对比度"选项，拖曳该选项下方的滑块就可以完成照片对比度的调整，向左拖曳滑块，降低对比度；向右拖曳滑块，则增强对比度。

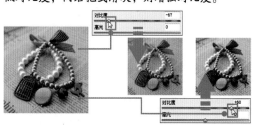

07 在"图层"面板中选中"图层 1"图层，将此图层的混合模式更改为"叠加"，设置后可看到照片中的文字及图案变得更加清晰。再选中"图层 1"图层，并为其添加图层蒙版，再运用黑色的画笔在瓶身位置涂抹，还原清晰的图像，使图像变得更有层次感。

技巧 02 自动影调快速修复细节

　　亮度是人们对光的强度的感觉，不同亮度级别的画面会给人带来不同的观感。在商品照片处理中，除了使用 Photoshop 中的"亮度／对比度"命令调整照片的亮度和对比度，还可以使用 Lightroom 中的快速调整功能，快速调整照片的亮度和对比度，修复照片中的光影问题。使用 Lightroom 调整亮度或对比度前，先将要调整的照片导入到 Lightroom 内的"图库"中，然后展开"快速调整照片"面板，在面板中单击"自动调整色调"按钮，快速调整照片的影调。

　　单击"自动调整色调"按钮后，可自动调整照片的影调，此时单击 Lightroom 中的"修改照片"按钮，切换到"修改照片"模式，可以在"基本"面板中调整具体参数值，用户可以根据需要对各选项的参数进行调节，让图像的色调变得更加自然。

3.3 图像明暗的快速调整

对于商品照片而言，图像的明暗也是突出商品的重要手段。在后期处理时，可以使用 Photoshop 中的"曲线"命令来快速调整照片的明暗。在具体的操作过程中，用户可以选择要调整的通道，再向上或向下拖曳曲线，就可以提高或降低图像的亮度，实现图像明暗的快速修复。

💡 专家提点：利用暗色突显商品的品质

拍摄珠宝等高档商品时，需要表现出商品的价值。此时，可以利用暗色烘托商品的品质感，使拍摄出来的商品显得更加高贵迷人。

■ 1. 应用要点——曲线

"曲线"命令主要用于调整图像中指定区域的色彩范围。使用"曲线"命令调整图像时，用户可以在曲线上添加多个曲线控制点，然后分别拖曳各曲线控制点来变换曲线的形状，从而达到更改照片明暗的目的。打开素材图像后，执行"图像 > 调整 > 曲线"菜单命令，打开"曲线"对话框，在对话框中对曲线的形状进行设置，设置后在图像窗口可查看到应用曲线调整后，原来偏暗的图像变得更加明亮，画面中的饰品也能清晰地显示出来。

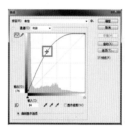
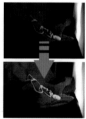

在"曲线"对话框中，除了可以通过拖曳曲线来调整图像的明亮度，也可以使用"预设"曲线来快速调整照片明暗。单击"曲线"对话框中的"预设"下拉按钮，在展开的下拉列表中可看到系统预设了多个预设曲线，选择其中一个选项后，就会将该曲线调整应用于打开的图像。

■ 2. 应用要点——自动曲线

使用"曲线"调整照片时，如果觉得设置的图像效果不是那么满意，则可以选择"自动"曲线的方式，快速调整图像的明暗。执行"曲线"命令后，在打开的"曲线"对话框右侧可看到"自动"按钮，单击此按钮后，Photoshop 将会根据图像效果自动调整曲线，并将调整效果应用于图像。

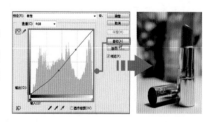

示例　提亮画面展现闪亮的戒指

素材　随书资源包 \ 素材 \03\03.jpg

源文件　随书资源包 \ 源文件 \03\ 提亮画面突出
闪亮的戒指 .psd

01 打开素材文件，在图像窗口可看到打开的原始
商品照片，打开"调整"面板，单击面板中的"曲线"
按钮，在"图层"面板中新建
"曲线 1"调整图层。

02 打开"属性"面板，
在曲线上连续单击，添加
两个曲线控制点，再运用
鼠标分别拖曳这两个曲线
控制点，变换曲线形状。

03 设置前景色为黑色，单击"曲线 1"图层蒙版，
选择工具箱中的"画笔工具"，在工具选项栏中设置画
笔"不透明度"为 **29%**、"流量"为 **39%**，运用黑色
画笔在图像上方及商品下方的投影位置涂抹，还原涂
抹区域的图像的亮度。

技巧 01　不同曲线下调整色彩

　　使用"曲线"命令不仅可以调整图像整体的
明亮度，也可以调整单个通道的明亮度。在"曲
线"对话框中，单击"通道"下拉按钮，将会打
开"通道"下拉列表，在该列表中用户可以选择
需要应用曲线调整的颜色通道，选择通道后，运
用鼠标对曲线形状进行设置，就可以对选定通道
的明亮度进行调整。调整单个通道的明亮度会导
致照片的色彩发生改变。

 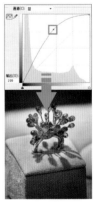

04 按下快捷键 Ctrl+Alt+2，创建选区，新建"曲线 2"调整图层，并在"属性"中运用鼠标设置曲线，调整选区内图像的亮度。

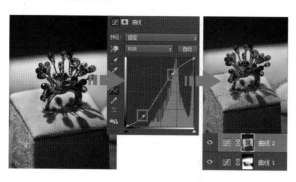

05 单击"调整"面板中的"亮度/对比度"按钮，新建"亮度/对比度 1"调整图层，并在"属性"面板中输入"亮度"为 16、"对比度"为 23。

06 单击"曲线 1"图层蒙版，按下 Alt 键不放单击"曲线 1"图层蒙版，将其拖曳至"亮度/对比度 1"图层蒙版位置，释放鼠标，复制图层蒙版。

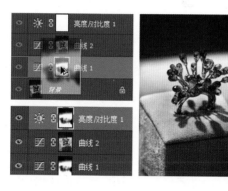

07 选择工具箱中的"矩形选框工具"，在选项栏中设置"羽化"为 300 像素，在图像中的商品对象边缘绘制选区，执行"选择 > 反向"菜单命令，反选选区，新建"曲线 3"调整图层，用曲线调整选区内对象的亮度。

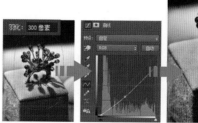

技巧 02　精细的曲线调整

　　如果觉得使用"曲线"命令调整照片的明暗太过复杂，那么可以选用 Lightroom 中的"色调曲线"快速调整照片的明暗。在 Lightroom 中导入照片后，单击"修改照片"按钮，切换至"修改照片"模式，在该模式中就会显示一个"色调曲线"面板，在此面板中不仅可以拖曳曲线控制照片的影调变化，同时也可以输入准确的数值，调整照片中高光、亮色调、暗色调及阴影等区域的明亮度。

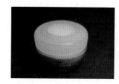

3.4 局部的明暗处理

对照片进行统一的明暗调整，有可能会导致照片出现局部偏暗或偏亮的情况。因此，在更多时候需要对照片的局部进行明暗的调整。在Photoshop中，可以使用"色阶"命令分别对商品照片中的阴影、中间调或高光部分进行明亮度的调整，使照片的明亮度更为自然。

■ 1. 应用要点——调整阴影、中间调或高光亮度

"色阶"命令主要用于调整图像的色调，它可以对图像的阴影、中间调和高光各区域的亮度进行调整，从而校正图像的色调范围。执行"图像 > 调整 > 色阶"菜单命令，将会打开"色阶"对话框，在对话框中显示了三个滑块，其中黑色滑块代表最低亮度，对应画面中的阴影部分，向右拖曳会使阴影部分变暗；灰色滑块代表中间调在黑场和白场之间的分布比例，对应画面中的中间调部分，向左拖曳提亮中间调部分，向右拖曳降低中间调部分；白色滑块代表最高亮度，对应画面中的高光部分，向左拖曳图像变亮。

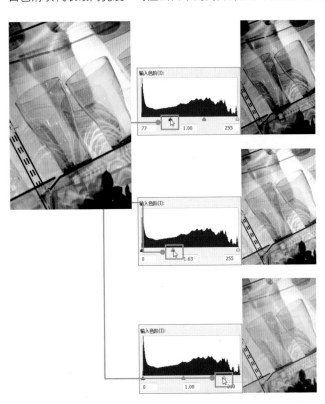

■ 2. 应用要点——预设色阶快速调整

使用"色阶"命令调整照片亮度时，如果不能确定准确的参数值，我们可以尝试应用预设选项来调整照片亮度或对比度。在"色阶"对话框中，单击"预设"下拉按钮，在打开的下拉列表中可以看到"增加对比度1""增加对比度2""中间调较暗"等共八个预设的色阶调整选项，根据需要，在该下拉列表中选择其中一个选项，会根据选择的预设选项调整照片影调。

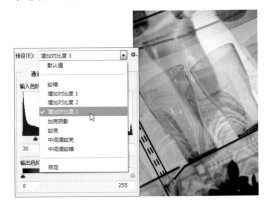

示例 调整对比反差展现精致家居用品

效果图

原图

素 材　随书资源包 \ 素材 \03\04.jpg

源文件　随书资源包 \ 源文件 \03\ 调整对比反差
展现精致家居用品 .psd

01 打开素材文件，选中"背景"图层，执行"图层 > 复制图层"菜单命令，复制图层，得到"背景拷贝"图层，将图层混合模式设置为"柔光"，"不透明度"为 55%，新建"色阶 1"调整图层，并在"属性"面板中输入色阶值为 10、0.95、225，调整图像对比。

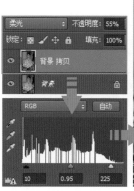

快速应用色阶调整

使用"色阶"命令调整照片明暗对比时，在打开的"色阶"对话框中可看到一个"自动"按钮，单击该按钮，软件会根据打开的图像自动调整色阶值，校正照片的影调。

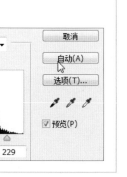

02 选择"背景"图层，执行"选择 > 色彩范围"菜单命令，打开"色彩范围"对话框，在对话框中选择"高光"选项，单击"确定"按钮，创建选区。

03 新建"色阶2"调整图层，并在"属性"面板中输入色阶值56、1.00、219，设置后提高选区内图像的中间调区域和高光区域的亮度。

技巧02 **针对不同通道的色阶调整**

　　使用"色阶"命令不仅可以调整图像阴影、中间调和高光的明暗，还可以对单个颜色通道的明暗进行调整。在"色阶"对话框中单击"通道"下拉按钮，在展开的下拉列表中会显示当前图像所包含的所有颜色通道，选择其一个通道后，再拖曳下方的色阶滑块，就可以对选定通道图像的明暗进行调整。调整单个通道的色阶值后，图像的颜色也会发生一定的变化。

04 选择"背景"图层，执行"选择 > 色彩范围"菜单命令，打开"色彩范围"对话框，在对话框中选择"中间调"选项，单击"确定"按钮，创建选区。新建"色阶3"调整图层，并在"属性"面板中输入色阶值15、0.91、219，设置后提高选区内的图像各区域的亮度。

05 打开"调整"面板，单击面板中的"亮度/对比度"按钮，新建"亮度/对比度1"调整图层，并在"属性"面板中输入"亮度"为12、"对比度"为13。新建"色彩平衡1"调整图层，并对各选项进行设置，修复偏红的图像。

3.5 照片暗部与亮部的细节修饰

在对拍摄的商品照片进行光影的调整之前，需要先分析图像是太暗还是太亮，然后再决定是需要对照片的暗部还是亮部进行调整。使用 Photoshop 中的"阴影 / 高光"命令可以分别对画面中的高光与阴影部分进行处理，还能对画面的颜色进行简单的校正，还原出商品最理想的状态。

■ 应用要点——"阴影/高光"命令

"阴影 / 高光"命令可以将图像的阴影调亮或高光调暗。在对图像进行"阴影 / 高光"调整之前，先分析图像是太暗还是太亮，然后再决定将阴影像素调亮，还是将高光像素调暗。

打开一张照片，执行"图像 > 调整 > 阴影 / 高光"命令，打开"阴影 / 高光"对话框，在打开的对话框中拖曳滑块或输入数值来调整"阴影"与"高光"选项值，经过设置可使照片的影调恢复正常。

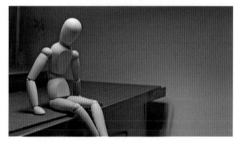

"阴影 / 高光"对话框在默认情况下以简略的方式显示，如果需要对阴影和高光做更精细的设置，可勾选对话框中的"显示更多选项"复选框，显示更多的"阴影 / 高光"选项，然后根据图像对各项参数进行设置，从而更加精确地修正图像的影调。

📷 示例 调整影调突出商品轮廓

效果图

素 材 随书资源包 \ 素材 \03\05.jpg

源文件 随书资源包 \ 源文件 \03\ 调整影调
突出商品轮廓 .psd

原 图

01 打开素材文件，选择"背景"图层
并复制，得到"背景拷贝"图层，执行"图
像 > 调整 > 阴影 / 高光"命令，打开"阴
影 / 高光"对话框，在对话框中设置阴影
"数量"为 **56%**，提高阴影部分的亮度。

技巧01 使用Lightroom调整阴影与高光

　　要分别调整照片阴影与高光的明亮度时，
不但可以使用"阴影 / 高光"命令，也可以使
用 Lightroom 中"阴影"与"高光"选项。将
照片导入到 Lightroom 中，然后切换到"修改
照片"模块，在展开的"基本"面板中即显示
了"阴影"与"高光"选项，向左拖曳"高光"
滑块，降低高光部分的亮度，向右拖曳"高光"
滑块，提高高光部分的亮度；向左拖曳"阴影"
滑块，降低阴影部分的亮度，向右拖曳"阴影"
滑块，提高阴影部分的亮度。

02 继续在"阴影 / 高光"对话框中进行设置，勾选"显示更多选项"，输入高光"数量"为 3%、"色调宽度"为 23%、"半径"为 53 像素、"颜色校正"为 +20、"中间调对比度"为 +30，设置后单击"确定"按钮。

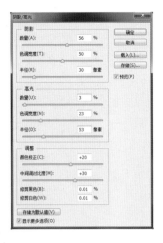

03 盖印图层，得到"图层 1"图层，执行"滤镜 > 锐化 >USM 锐化"菜单命令，在打开的对话框中设置选项，锐化图像，并添加蒙版。

04 单击"调整"面板中的"亮度 / 对比度"按钮，新建"亮度 / 对比度 1"调整图层，在打开的"属性"面板中输入"亮度"为 25、"对比度"为 73，进一步提亮画面，加强对比效果。

05 单击"调整"面板中的"曲线"按钮，新建"曲线 1"调整图层，并在"属性"面板中单击曲线，添加两个曲线控制点，再运用鼠标拖曳曲线控制点，更改曲线形状。

技巧 02 使用Camera Raw调整阴影和高光

在 Photoshop 中，要调整阴影与高光部分的亮度，可以应用全新的 Camera Raw 滤镜。打开图像后，执行"滤镜 >Camera Raw 滤镜"菜单命令，将打开 Camera Raw 对话框，在该对话框中，通过拖曳"基本"选项卡中的"高光"与"阴影"滑块能够分别调整画面中高光部分与阴影部分的图像的明亮度。

06 继续在"属性"面板中对曲线进行设置。选择"蓝"通道,运用鼠标单击添加曲线控制点,分别拖曳各控制点,调整曲线形状。再选择"红"通道,运用鼠标单击添加曲线控制点,分别拖曳各控制点,调整曲线形状。设置后在图像窗口可看到应用曲线调整的效果,按下快捷键 Ctrl+Shift+Alt+E,盖印图层。

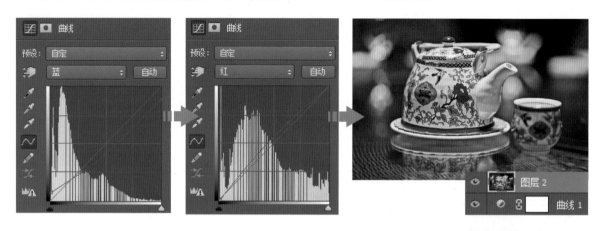

07 执行"滤镜 >Camera Raw 滤镜"菜单命令,打开 Camera Raw 对话框,在对话框中单击"镜头校正"按钮 ,切换至"镜头校正"选项卡,在选项卡中的"手动"标签下设置镜头晕影"数量"为 -100、"中点"为 31,设置后单击右下角的"确定"按钮,为图像添加晕影效果。

技巧 03 添加晕影突出主体

　　在对商品照片进行处理时,为了让画面中的商品对象更加醒目,可以在照片中添加晕影效果。除了可以使用 Camera Raw 中的"镜头晕影"功能为照片添加自然的晕影效果外,也可以在 Lightroom 中使用"镜头校正"面板为照片添加晕影。在"镜头校正"面板中单击"手动"标签,展开"手动"选项卡,在选项卡下方就可以设置选项,为照片添加镜头暗角效果。

第4章 商品照片的色彩调修

大多数商品照片，都需要通过后期处理，调整照片的颜色，使编辑后的商品图像颜色更加的出彩。Photoshop 中提供了多个用于调整照片色彩的菜单命令和调整图层，如色相 / 饱和度、色彩平衡、照片滤镜等，使用它们可以对照片中指定区域的颜色进行编辑。本章会为读者讲解在商品照片处理时经常使用到的调色技法。

本章重点

- 照片色彩的快速调整
- 增强商品特定的色彩
- 调整不同区域的色彩
- 提高或降低照片色温

- 相同色温环境下的色彩校正
- 改变照片中的特定颜色
- 混合图像色彩
- 黑白影像的设置

4.1 照片色彩的快速调整

图像颜色饱和度的高低直接影响商品颜色的鲜艳度。照片色彩暗淡的图像，可以通过后期处理，提高画面的色彩饱和度，让暗淡的照片恢复光彩。Photoshop 中使用"自然饱和度"命令能够轻松地调整照片的色彩鲜艳度,让画面变得更加的美观。

■ 应用要点——"自然饱和度"命令

照片的色彩浓度决定了照片的鲜艳程度，如果拍摄的照片饱和度不够，难免会使照片看起来比较暗淡，没有神采。

在 Photoshop CC 中,可以使用"自然饱和度"命令快速调整图像的饱和度,使照片的色彩达到自然状态效果。

打开一张素材照片，执行"图像 > 调整 > 自然饱和度"菜单命令,打开"自然饱和度"对话框。

在"自然饱和度"对话框中拖曳"自然饱和度"滑块,可以在颜色接近完全饱和时避免颜色失真；拖曳"饱和度"滑块,则可将调整的颜色值应用于所有的颜色,让画面整体色彩快速得到提升。

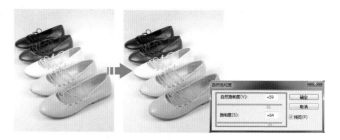

专家提点：利用照片风格让商品颜色更浓郁

相机的照片风格对画面的色彩有着非常重要的影响，数码相机通常会包含多种照片风格，拍摄商品时，如果想让拍摄出来的画面色彩更加鲜艳，可以选择数码相机中的"风光"照片风格进行拍摄。

示例 增强色彩让照片色彩更具冲击力

效果图

素 材　随书资源包 \ 素材 \04\01.jpg
源文件　随书资源包 \ 源文件 \04\ 增强色彩让照片色彩更具冲击力 .psd

原 图

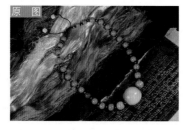

01 打开素材文件，打开"调整"面板，单击面板中的"自然饱和度"按钮▼，新建"自然饱和度 1"调整图层，并在打开的"属性"面板中输入"自然饱和度"为 +55，"饱和度"为 +38，设置后可查看到提高了饱和度的图像效果。

02 单击"调整"面板中的"亮度 / 对比度"按钮▓，新建"亮度 / 对比度 1"调整图层，并在"属性"面板中输入"亮度"为 40，"对比度"为 11，提高商品图像的亮度，并增强对比效果。

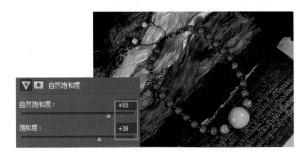

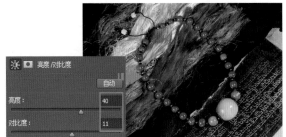

03 盖印图层，执行"选择 > 色彩范围"菜单命令，打开"色彩范围"对话框，在对话框中选择"红色"选项，单击"确定"按钮，创建选区。

04 单击"调整"面板中的"自然饱和度"按钮▼，新建"自然饱和度 2"调整图层，并在打开的"属性"面板中输入"自然饱和度"为 -10，"饱和度"为 -2，降低红色饱和度。

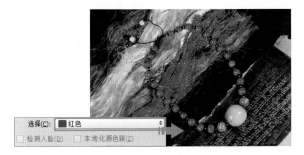

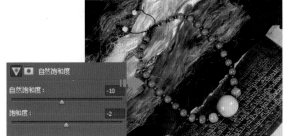

技巧 可视化的快速调色

为了让用户能够直观地查看到调整饱和度前和调整饱和度后的图像对比效果，可以使用 Lightroom 中"鲜艳度"选项来调整照片的颜色饱和度。将需要调整的照片导入到 Lightroom 中，单击"修改照片"按钮，切换至"修改照片"模块中，通过拖曳"基本"面板中的"鲜艳度"滑块，就可以调整照片的色彩鲜艳度，设置后单击窗口下方的"切换各种修改前和修改后视图"按钮，可查看图像效果。

4.2 增强商品特定的色彩

如果一张商品照片的色彩不够鲜艳，那么就会影响到商品的美观，在后期处理时，可以应用"色相/饱和度"命令选择照片中需要增强的颜色，再通过设置其色相、饱和度及明度，即可在不影响到画面中其他的颜色的情况下，实现单个颜色的调整。

■ 1. 应用要点——调整全图"色相/饱和度"

"色相/饱和度"命令在照片调色中会被经常使用，它可以同时调整图像所有颜色的色相、饱和度以及明亮度，此命令适用于微调 CMYK 格式图像中的颜色。执行"图像 > 调整 > 色相/饱和度"菜单命令，打开"色相/饱和度"对话框，在对话框中分别拖曳选项下方的滑块，就可以调整照片的色彩鲜艳度。

如左图所示，打开拍摄的商品照片，可看到原照片色彩饱和度明显不够，执行"色

相/饱和度"命令，打开"色相/饱和度"对话框，在对话框中向右拖曳"饱和度"滑块至 +53 位置，设置后在图像窗口中看到照片的色彩得到了明显的提高，增强了商品的表现力。

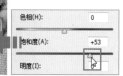

■ 2. 应用要点——设置单个颜色的色相、饱和度

使用"色相/饱和度"命令不但可以对整个图像的颜色进行调整，还可以针对六大色系中的单个颜色进行调整，更改某一色域的颜色。单击"编辑"下拉按钮，在展开的下拉列表中可看到"全图""红色""黄色""绿色""青色""蓝色"和"洋红"六个颜色选项，如右图所示，选择一项后，再拖曳下方的色相、饱和度和明度滑块进行调整，可更改照片中的单个颜色效果。

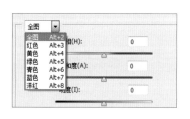

在 Photoshop 中打开一张室内拍

摄的商品照片，执行"图像 > 调整 > 色相/饱和度"菜单命令，打开"色相/饱和度"对话框，在对话框中选择要调整的颜色为"黄色"，再将"饱和度"滑块拖曳至 +69 位置，设置后在图像上可以看到原本色彩暗淡的灯具对象变得更为明亮，如左图所示。

示例 提高饱和度展示五彩缤纷的玩具

效果图

原 图

素 材　随书资源包 \ 素材 \04\02.jpg

源文件　随书资源包 \ 源文件 \04\ 提高饱和
度展示五彩缤纷的玩具 .psd

01 打开素材文件，在图像窗口中查看到打开的原图
像效果，单击"调整"面板"色相 / 饱和度"按钮，
新建"色相 / 饱和度 1"调整图层。

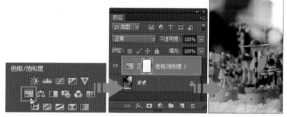

02 打开"属性"面板，在面板中输入"饱和度"
为 +29，选择"红色"选项，输入"色相"为 -1，"饱
和度"为 +21，选择"黄色"选项，输入"饱和度"+20，
选择"绿色"选项，输入"饱和度"+29，设置后选
择"画笔工具"，运用黑色画笔在图像底部位置涂抹，
还原涂抹区域的图像颜色。

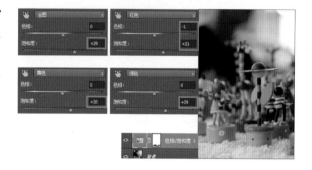

03 单击"调整"面板
中的"自然饱和度"按
钮，新建"自然饱和
度 1"调整图层，并在"属
性"面板中输入"自然
饱和度"为 +53，提高
照片饱和度。

04 选择"矩形选框工具"，在选项栏中设置"羽化"
值为 240 像素，沿图像边缘绘制选区，执行"选择 >
反向"菜单命令，反选选区。

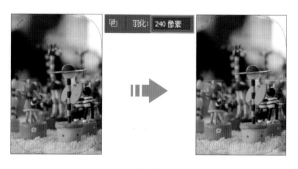

05 单击"调整"面板中的"色相/饱和度"按钮 🔲，新建一个"色相/饱和度 2"调整图层，并在"属性"面板中设置"明度"为 +100，提高选区内的图像的明亮度。

06 单击"色相/饱和度 2"图层蒙版，设置前景色为黑色，选择"画笔工具"，运用黑色画笔在玩具位置涂抹，还原图像明度。

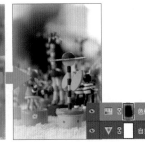

07 新建"亮度/对比度 1"调整图层，打开"属性"面板，在面板中输入"亮度"为 21，"对比度"为 34，提亮图像，增强对比效果，选用黑色画笔在图像边缘位置涂抹，还原图像的亮度和对比度。

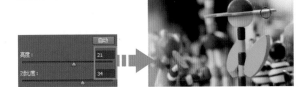

08 单击"调整"面板中的"曲线"按钮 🔲，新建"曲线"调整图层，打开"属性"面板，在面板中选择"蓝"选项，再运用鼠标单击并向上拖曳通道曲线，调整照片颜色。

🔵 **HSL快速调色**

在调整图像的颜色过程中，除了使用 Photoshop 中"色相/饱和度"命令调整单个颜色的色相、饱和度，还可以使用 Lightroom 中的 HSL 面板来调整。单击"HSL/ 颜色 / 灰度"面板右侧的倒三角形按钮，就可展开 HSL 面板，在此面板包括了"色相""饱和度""明亮度"和"全部"四个选项卡，其中"色相""饱和度"和"明亮度"选项卡分别用于调整指定颜色色相、饱和度和明亮度，而"全部"选项卡则包含另外三个选项卡中的所有调整选项。

🔵 **查看颜色信息**

对商品照片进行调色时，可以利用"信息"面板查看照片中各个部分的像素信息。执行"窗口 > 信息"菜单命令，打开"信息"面板，选择"吸管工具"，将鼠标移至画面中单击后，在"信息"面板中就会显示鼠标单击位置的颜色值。

4.3 调整不同区域的色彩

前面介绍了特定颜色的调整方法，接下来学习不同区域的颜色的调整方法。在商品照片后期处理过程中，经常会遇到对画面中阴影、中间调或高光等单个区域的颜色进行调整，此时最好的方法就是使用"色彩平衡"命令，应用此命令可以在保留照片明度的同时，对照片中的阴影、中间调和高光部分图像的颜色进行调整，让照片色彩更亮丽。

■ 应用要点——"色彩平衡"命令

在不同的场景中拍摄照片时，往往会因为各种光源问题，导致拍摄出来的商品对象出现偏色的情况。在Photoshop中使用"色彩平衡"命令可以快速校正照片中出现的各类偏色问题。"色彩平衡"命令是基于三原色原理而进行的颜色调整操作，即通过三基色和三补色之间的颜色互补关系实现照片色彩平衡校正。

打开素材图像，执行"图像 > 调整 > 色彩平衡"菜单命令，打开"色彩平衡"对话框，在对话框中有三个选项滑块，这三个滑块分别对应 R、G、B 通道颜色的变化，分别对这三个颜色滑块的位置进行设置，设置后可以看到偏黄的照片色彩得到了准确的还原，如下图所示。

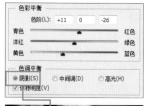

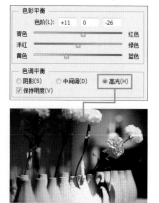

使用"色彩平衡"校正照片色彩时，默认选择"中间调"选项，即只对图像的中间调部分颜色进行色彩的校正。如果需要对阴影部分进行调整，则需要单击"阴影"单选按钮；如果需要对高光部分进行调整，则需要单击"高光"单选按钮。左侧的两幅图像分别展示调整阴影部分与高光部分颜色时所得到的图像效果。

示例 平衡色彩还原商品颜色

素材 随书资源包 \ 素材 \04\03.jpg

源文件 随书资源包 \ 源文件 \04\ 平衡色彩还原商品颜色 .psd

效果图

原图

01 打开素材文件,在"图层"面板中选中"背景"图层,并复制该图层,得到"背景拷贝"图层,此时在图像窗口中可查看到原图像效果。

02 在"图层"面板中选中"背景拷贝"图层,设置此图层的"不透明度"为 **60%**,执行"图像 > 自动颜色"菜单命令,校正照片颜色。

03 单击"调整"面板中的"色彩平衡"按钮,在"图层"面板中创建"色彩平衡 1"调整图层。

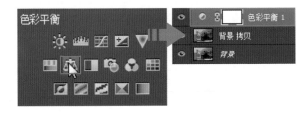

04 打开"属性"面板，在面板中选择"中间调"选项，分别输入颜色值为 -14、0、+13，选择"阴影"选项，输入颜色值分别为 -6、0、+1，选择"高光"选项，输入颜色值分别为 -21、0、+29，设置后在图像中可查看到应用"色彩平衡"调整后的图像效果。

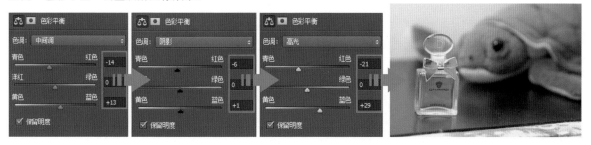

05 新建"色阶 1"调整图层，并在"属性"面板中输入色阶值为 7、1.00、237，增强商品图像的对比度，再选用黑色画笔在较亮的图像位置涂抹，还原涂抹区域的图像的明亮度，得到更自然的明暗对比效果。

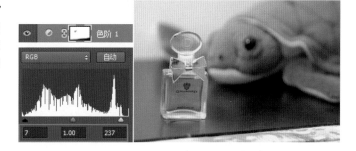

（技巧）**分离色调平衡高光与阴影颜色**

　　要对照片中的阴影和高光颜色进行设置，除了可以使用 Photoshop 中的"色彩平衡"命令，也可以使用 Lightroom 中的"分离色调"面板。单击 Lightroom 中的"分离色调"右侧的倒三角形按钮，即可展开如右图所示的"分离色调"面板，在面板中拖曳高光或阴影下方的"色相"和"饱和度"滑块，即可完成照片中高光部分和阴影部分的颜色与饱和度的更改。

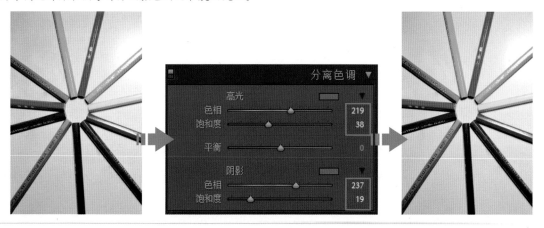

4.4 提高或降低照片色温

色温是影响照片色彩的重要因素之一，对于因为一些色温差异而导致轻微偏色的商品照片，可以运用 Photoshop 中的"照片滤镜"命令，选择预设的色温滤镜，降低或提高色温，以校正照片中的偏色问题，使编辑后的商品图像颜色显得更加自然。

> **◆ 专家提点：借用白平衡改变画面的色温**
>
> 市面上大多数的数码相机都可以根据不同的光源类型设置不同的白平衡模式。光源的色温越低，所呈现的画面色调越暖，因此在拍摄时，可以通过调整相机白平衡来提高或降低色温效果。

■ 1. 应用要点——提高或降低色温

"照片滤镜"命令通过颜色的冷、暖调来调整图像，从而改变图像的整体色调，使用此命令可以通过添加滤镜颜色而变换照片颜色，从而还原照片中的色温，得到更理想的照片效果。执行"图像 > 调整 > 照片滤镜"菜单命令，打开"照片滤镜"对话框，在"滤镜"下拉列表中列出了"加温滤镜（85）""加温滤镜（LBA）""加温滤镜（81）""冷却滤镜（80）""冷却滤镜（LBB）""冷却滤镜（82）"六个色温转换滤镜，如右图所示。用户可以根据照片偏色的程度，选取合适的色温转换滤镜，校正照片色彩。

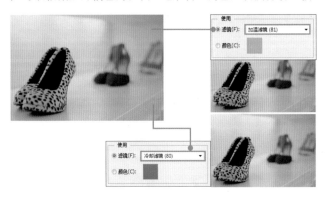

打开一张偏暖的照片，如左图所示，从图像中可看到照片受到环境光线的影响，整个图像偏黄，执行"图像 > 调整 > 照片滤镜"菜单命令，在打开的对话框中选择"加温滤镜（81）"，添加黄色，使画面变得更偏向于暖色调效果，选择"冷却滤镜（80）"，添加蓝色，使画面变得偏向冷色调效果。

■ 2. 应用要点——变换色温

在"照片滤镜"除了使用色温转换滤镜校正颜色，也可以选用色温补偿滤镜校正偏色。在"照片滤镜"对话框的"滤镜"列表中包括红、橙、黄、绿、青、蓝、紫光、洋红、深褐、深红、深蓝、深祖母绿、深黄和水下14 种色温补偿滤镜，使用这些色温补偿滤镜可以进行轻微、精细的调整，对画面中的特定颜色加以补偿，从而还原照片色彩。

　　打开一张素材照片，如右图所示，执行"图像 > 调整 >
照片滤镜"菜单命令，在打开的对话框中单击"滤镜"下
拉按钮，在展开的下拉列表中选择"水下"滤镜，然后对
颜色浓度进行调整，将"浓度"滑块拖曳至 38 位置，经
过设置后，降低了红色，使照片的颜色得到了修复。

■ **3. 应用要点——自定义颜色变换色温**

　　如果对预设颜色不满意，用户可以在"照片滤镜"对话框中自定义滤镜颜色。单击"颜色"单选按钮，然后
单击右侧的颜色块，打开"拾色器（照片滤镜颜色）"对话框，在对话框中单击或输入颜色值，完成设置后单击"确
定"按钮，返回"照片滤镜"对话框，在对话框中会显示用户设置的颜色，并将该颜色应用于图像中。

📷 示例　调整色温为对象营造氛围

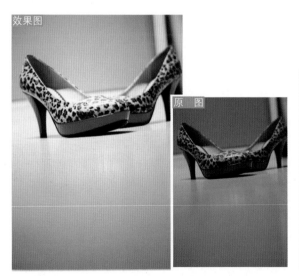

效果图

原图

素　材　随书资源包 \ 素材 \04\04.jpg

源文件　随书资源包 \ 源文件 \04\ 调整色温为
　　　　对象营造氛围 .psd

01 打开素材文件，单击
"调整"面板中的"亮度 /
对比度"按钮，新建"亮
度 / 对比度 1"调整图层，
并在"属性"面板中将"亮
度"滑块拖曳至 90 位置，
将"对比度"滑块拖曳至
55 位置，此时可看到提高
了亮度和对比度的画面变
得更加明亮。

02 单击"亮度/对比度1"图层蒙版，选择"画笔工具"，设置前景色为黑色，选择"从前景色到透明渐变"，然后单击"径向渐变"按钮 ◧ ，从鞋子中间位置向右下角拖曳渐变效果，控制"亮度/对比度"调整的范围。

03 选中"亮度/对比度1"调整图层，按下快捷键Ctrl+J，复制图层，得到"亮度/对比度1拷贝"图层，将此图层的"不透明度"设置为50%，再运用"渐变工具"对图层蒙版做进一步的调整，控制"亮度/对比度"调整的范围。

04 打开"调整"面板，单击面板中的"照片滤镜"按钮 ◧ ，新建"照片滤镜1"调整图层，打开"属性"面板，在面板中选择"加温滤镜（81）"，设置"浓度"为55%。

05 完成"照片滤镜"的设置后，返回图像窗口，查看到调整后的效果，降低了色温，画面呈现更温暖的色调氛围。

06 在"图层"面板中选中"照片滤镜1"图层，按下快捷键Ctrl+J，复制图层，得到"照片滤镜1拷贝"图层，设置图层混合模式为"叠加"、"不透明度"为26%。

技巧 用Camera Raw滤镜调整色调

　　如果拍摄的照片以RAW格式存储，那么要对照片的色调进行调整，最好的方法就是使用Camera Raw滤镜进行处理。打开RAW格式照片后，在Camera Raw窗口右侧的"基本"选项卡下就会显示一个"色温"选项，向左拖曳该选项滑块或输入负值，可降低画面中的色温；向右拖曳该选项滑块或输入正值，可提高画面中的色温，使画面呈现出黄色暖色调效果。

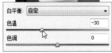

07 新建"颜色填充1"调整图层，设置填充色为R248、G125、B17，并更改其图层混合模式及不透明度，再用"渐变工具"从鞋子中间位置向下方拖曳黑白渐变，隐藏鞋子图像上的填充颜色。

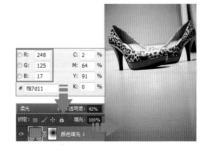

4.5 相同色温环境下的色彩校正

将同一件商品放置于不同的色温环境下进行拍摄，往往会呈现出不同的画面效果。在后期处理时，为了让同一组照片中的多张照片颜色更加和谐统一，可以应用"匹配颜色"命令匹配照片颜色，校正偏色的画面问题，得到更加统一的画面颜色。

■ 应用要点——"匹配颜色"命令

利用"匹配颜色"命令可以同时将两个图像更改为相同的色调，即可将一个图像（源图像）的颜色与另一个图像（目标图像）相匹配，此命令适合于同一环境中不同颜色的两个图像的颜色校正。

选择两张用于校色的照片后，执行"图像 > 调整 > 匹配颜色"菜单命令，打开如右图所示的"匹配颜色"对话框，在对话框中"目标图像"下会显示当前选择需要调整颜色的图像，用户可以在"图像统计"选项组下选择用于匹配颜色的源图像，选择源图像后，系统就会根据源图像的颜色对目标图像的颜色进行调整。

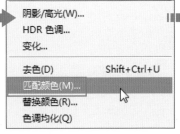

如果选择源图像后，图像还是没有达到满意的效果，可以通过调整"图像选项"组中的参数，进一步调整颜色匹配的明亮度、颜色强度和色彩渐隐程度。如右图所示，在"源"下拉列表中选择02.jpg 素材图像，选择图像后可看到照片颜色已得到了校正，因此不需要再对明亮度、颜色强度再做调整。

示例 匹配颜色展现独特仿真花卉

素材　随书资源包 \ 素材 \04\05.jpg、06.jpg

源文件　随书资源包 \ 源文件 \04\ 匹配颜色展现
独特仿真花卉 .psd

01 打开素材文件 05.jpg 和 06.jpg，执行"窗口 > 排列 > 双联垂直"菜单命令，将打开的图像以双联垂直的方式显示。

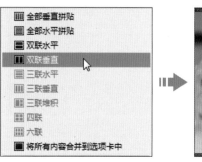

技巧 01　多个图像的查看

　　Photoshop 中可以同时打开多个图像并进行编辑，这样就为照片的后期查看提供了方便。默认情况下图像以"将所有内容合并到选项卡中"排列方式进行排列，在此排列方式下仅显示当前编辑的图像。执行"窗口 > 排列"菜单命令，在打开的子菜单中选择排列方式，选择后当前打开的所有照片就会按选定的排列方式重新进行排列。选择不同的排列方式，在窗口中所显示出的图像效果也会不一样。

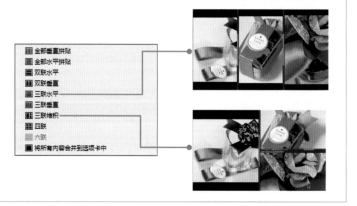

02 选择 06.jpg 图像，执行"图层 > 复制图层"，复制"背景"图层，得到"背景拷贝"图层，执行"图像 > 调整 > 匹配颜色"菜单命令，打开"匹配颜色"对话框。

03 单击"图像统计"选项组中"源"下拉按钮，在弹出的下拉列表中选择 05.jpg 选项，选择用于匹配颜色的源图像。

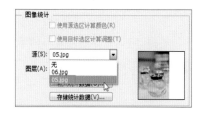

04 继续在"匹配颜色"对话框中设置选项，输入"明亮度"为 83，"颜色强度"为 145，"渐隐"为 51，设置后单击"确定"按钮，返回图像窗口，查看图像效果。

匹配选区内的图像颜色

　　使用"匹配颜色"命令不仅可以在不同的图像或图层之间进行颜色的匹配操作，也可以用于图像中某个选区内图像的颜色匹配操作。使用选框工具在图像中绘制选区后，在"匹配颜色"对话框中取消"应用调整时忽略选区"复选框的勾选状态，此时应用匹配颜色时，将会只对选区内的图像应用颜色匹配效果。

05 新建"色阶 1"调整图层，并在"属性"面板中输入色阶值为 20、1.22、217，单击"色阶 1"图层蒙版，运用黑色画笔在较亮的图像位置涂抹，还原涂抹区域的图像亮度。

4.6 改变照片中的特定颜色

在任何一张商品照片中都会包含多种不同的颜色，这些颜色共同决定了画面的效果。在后期处理时，可以根据不同的要求，对画面中的一种颜色进行调整，更改画面中的特定颜色，让画面呈现了别样的效果。在 Photoshop 中，运用"可选颜色"命令可以对照片中一种或多种颜色所占的颜色比进行设置，从而达到改变照片颜色的目的。

■ 应用要点——"可选颜色"命令

在商品照片后期处理中，如果需要在不更改画面整体色调的情况下，对图像中一部分对象的色彩进行调整，可以使用"可选颜色"命令完成。"可选颜色"命令通过调整原色中的各种印刷油墨的数量来达到更改照片色彩的目的，它适合于调整基于一个用于显示用户指定颜色的 CMYK 文件，使文件印刷出的颜色更加准确。执行"图像 > 调整 > 可选颜色"菜单命令，即可打开"可选颜色"对话框，在对话框中的"颜色"下拉列表中选取需要设置的颜色，其中包括了红色、黄色和黑色等多种不同的颜色，如右图所示。在具体操作过程中，用户根据需要，选择要调整的颜色并对其颜色比进行设置，实现照片色彩的更改。

打开一张拍摄的挂饰照片，如左图所示，执行"可选颜色"命令，打开"可选颜色"对话框，在对话框中选择默认的"红色"选项，拖曳下方的颜色滑块位置，调整青色、洋红、黄色和黑色颜色比值，设置后可以看到原来红色区域的图像转换成了粉红色效果；如果选择"蓝色"选项，拖曳下方的颜色滑块位置后，可以看到原来画面上方的蓝色汽车背景转换为青绿色效果，由此可以得出，对不同的颜色进行设置，产生的图像效果会有非常明显的区别。

示例 利用局部修饰让色彩更出众

效果图

素 材 随书资源包 \ 素材 \04\07.jpg

源文件 随书资源包 \ 源文件 \04\ 利用局部修饰
让色彩更出众 .psd

原 图

01 打开素材文件，执行"选择 > 色彩范围"菜单命令，打开"色彩范围"对话框，在对话框中单击"选择"下拉按钮，在展开的下拉列表中选择"高光"选项，单击"确定"按钮，返回图像窗口，根据设置的选择范围，创建选区。

02 单击"调整"面板中的"色阶"按钮 ![icon]，新建"色阶 1"调整图层，在"属性"面板中输入色阶值为 23、1.34、255，设置后可以在图像中看到降低了原图像阴影部分的亮度，并提亮了中间调部分。

03 单击"调整"面板中的"可选颜色"按钮 ![icon]，在"图层"面板中即可看到创建的"选取颜色 1"调整图层。

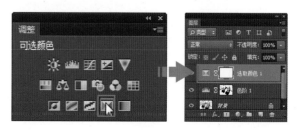

04 打开"属性"面板，在面板中选择"黑色"选项，设置颜色比为 0、+70%、0、0，选择"红色"选项，设置颜色比为 -39%、+58%、-7%、-24%，单击"绝对"单选按钮。

05 设置前景色为黑色，选择"画笔工具"，在工具选项栏中调整画笔的不透明度和流量，运用黑色画笔在不需要更改颜色的背景部分涂抹，还原图像色彩。

06 选中"选取颜色 1"调整图层，按下快捷键 **Ctrl+J**，复制图层，得到"选取颜色 1 拷贝"图层，更改图层混合模式为"颜色"、"不透明度"为 **80%**，加深粉色。

07 按下快捷键 **Ctrl+Shift+Alt+E**，盖印图层，执行"滤镜 > 杂色 > 减少杂色"菜单命令，打开"减少杂色"对话框，在对话框中依次设置各选项为 10、33%、2%、2%，单击"确定"按钮，应用滤镜减少图像中的杂色。

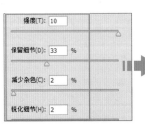

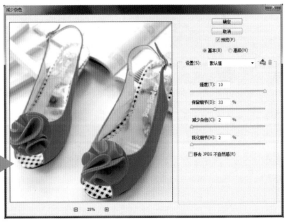

4.7 混合图像色彩

处理商品照片时，不但可以通过调整特定颜色比值来更改照片色调，也可以调整图像中的单个颜色通道的颜色比值来更改照片色调。在 Photoshop 中应用"通道混合器"命令可以混合指定颜色通道颜色比，创建高品质的灰度图像、棕色调图像或者其他色调的图像效果。

■ 应用要点——通道混合器

"通道混合器"命令主要采用增减单个通道颜色的方法来调整图像色彩，它可以对颜色之间的混合比例进行调整，也可以对不同通道中的颜色进行调整。

打开素材图像后，执行"图像 > 调整 > 通道混合器"菜单命令，将打开"通道混合器"对话框，单击"通道混合器"对话框中的"输出通道"下拉列表中，能设置所有输出的通道，选择输出通道后，拖曳下方红色、绿色和蓝色选项滑块，调整它们的位置，就可对所选通道的颜色进行处理。如下图所示，选择了"蓝"通道为输出通道，调整颜色后，可看到图像增加了黄色，让照片呈现出复古的黄褐调效果。

在"通道混合器"对话框中，除了可以拖曳或输入数值调整图像效果外，也可以选择预设快速转换照片颜色。打开"通道混合器"对话框单击"预设"选项右侧的倒三角形按钮，即可展开"预设"下拉列表，在此列表中显示了预先设置好的混合选项，选择不同选项，将得到不同的影像效果，如右图所示。

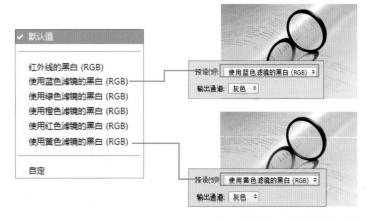

示例 调出复古韵味的时尚手表

效果图

素 材 随书资源包 \ 素材 \04\08.jpg

源文件 随书资源包 \ 源文件 \04\ 调出复古
韵味的时尚手表 .psd

原 图

01 打开素材文件，单击"调整"面板中的"色相 /
饱和度"按钮■，新建"色相 / 饱和度 1"调整图层，
在打开的"属性"面板中将"饱和度"滑块拖曳至 -42
位置，降低原商品照片的饱和度。

02 打开"调整"面板，单击面板中的"通道混合器"
按钮●，新建"通道混合器 1"调整图层，并打开"属
性"面板，在面板中选择"红"通道，依次设置参数值
为 +71%、+18%、+7%。

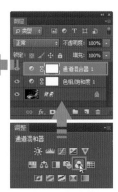

03 单击"输出通道"下拉按钮，选择
"蓝"选项，依次设置参数值为 -20%、
+10%、+88%，设置后在图像窗口中可
查看到应用"通道混合器"混合色彩的
画面效果。

04 新建"色彩平衡 1"调整图层,打开"属性"面板,在面板中选中"中间调"选项,输入颜色值为 -28、-5、+43,根据输入数值平衡中间调区域的图像色彩,加深蓝色调。

05 按下快捷键 Ctrl+Shift+Alt+E,盖印图层,得到"图层 1"图层,执行"滤镜 > 锐化 > 进一步锐化"菜单命令,锐化图像,得到更清晰的纹理效果。

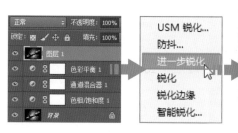

技巧 **着色通道图像**

使用"通道混合器"调整图层不仅可以对各通道颜色进行调整,也可以通过勾选"通道混合器"对话框中的"单色"复选框,将图像转换为单色的图像,并且还可以拖曳下方的颜色滑块,调整各颜色通道所占的比值,增强或降低黑白图像的对比强度。利用"单色"复选框设置后的效果与应用"黑白"命令将图像转变为黑白效果相似。

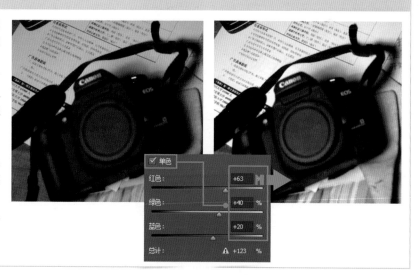

4.8 黑白影像的设置

与彩色图像相比，黑白图像具有更强的表现力。因此，在后期处理时，可以将拍摄的商品照片转换为黑白照片效果。具体的操作方法是使用"黑白"命令将图像快速转换为黑白效果，再对画面的明亮度进行调整，增强亮部与暗部的对比，获得更有质感的商品照片。

■ 1. 应用要点——自定义黑白调整

在 Photoshop 中使用"黑白"命令可以将彩色图像快速设置为黑白图像，并且会保持对各颜色的转换方式的完全控制，让设置出的黑白照片更能符合商品主体的表现。

打开一张素材照片，执行"图像 > 调整 > 黑白"菜单命令，打开"黑白"对话框，在对话框中如果需要快速创建黑白照片效果，可单击"预设"下拉按钮，在展开的下拉列表中选择预设的黑白选项，选择后就将会对打开的图像应用该黑白效果，如右图所示。

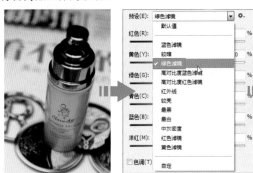 

■ 2. 应用要点——自动黑白

使用"黑白"命令创建黑白图像时，为了获取更为细腻的黑白效果，可以选择"自动"黑白进行黑白照片的设置。选择要创建为黑白效果的商品照片，执行"黑白"菜单命令后，在"黑白"对话框中单击右侧的"自动"按钮，系统根据图像的颜色值设置灰度混合，并对各颜色滑块的位置进行调整，使灰度值的分布最大化，如右图所示。

示例 利用黑白灰效果突出商品质感

效果图

原 图

素　材　随书资源包 \ 素材 \04\09.jpg

源文件　随书资源包 \ 源文件 \04\ 利用黑白灰
效果突出商品质感 .psd

01 打开素材文件，选择"背景"图层并复制，得到"背景拷贝"图层，选中"背景拷贝"图层，执行"图像 > 调整 > 阴影 / 高光"命令，打开"阴影 / 高光"对话框，在对话框中设置阴影"数量"为 **37%**，单击"确定"按钮，提高阴影亮度。

02 打开"调整"面板，单击面板中的"黑白"按钮█，在"图层"面板中得到"黑白 1"调整图层，创建调整图层后，即可将原来的彩色照片转换为黑白照片。

<table>
<tr><td>

技巧 快速创建黑白照片

　　要创建黑白照片效果，最快速的方法就是使用 Lightroom 中的"黑白"按钮快速转换黑白照片效果。将照片导入到 Lightroom 中后，切换至"修改照片"模块，单击"基本"面板中的"黑白"按钮，去除照片中的色彩，得到黑白照片效果。

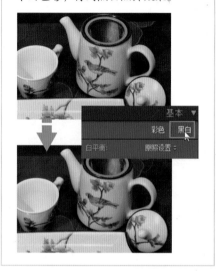

</td></tr>
</table>

03 打开"属性"面板，单击面板中的"自动"按钮，Photoshop 会根据打开的图像自动调整下方的颜色值。

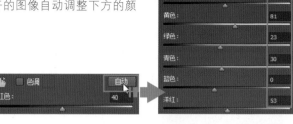

04 新建"色阶 1"调整图层，打开"属性"面板，在面板中将白色滑块拖曳至 205 位置，提高高光部分的图像亮度，增强图像的明暗对比效果。

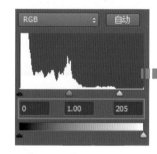

05 按下快捷键 Ctrl+Shift+Alt+E，盖印图层，得到"图层 1"图层，设置图层混合模式为"叠加"，执行"滤镜 > 其他 > 高反差保留"菜单命令，在打开的对话框中设置"半径"为 8.0 像素，单击"确定"按钮，锐化图像。为"图层 1"添加图层蒙版，再运用黑色画笔在不需要锐化的图像上涂抹，还原图像清晰度。

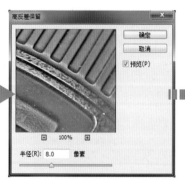

第5章　商品照片的抠图应用

　　选择图像是图像处理的首要操作，而抠图则是选择的一种具体应用形式，也是商品照片后期处理较为重要的技法之一。利用 Photoshop 中的"抠图"技术经过创意的设计，不仅能让拍摄的商品照片更加精美，也能更为直观地反映商品特质。在本章中，会为读者讲解一些常用的图像抠取知识，根据不同的商品特征，抠出画面中的商品对象。

本章重点

- 快速抠图
- 连续地选择多个区域对象
- 抠取边缘反差较大的图像
- 选择轮廓清晰的商品对象
- 精细抠取图像
- 特殊商品对象的抠取
- 抠取商品的阴影

5.1 快速抠图

商品照片后期过程中,常常会遇到商品对象的快速抠取操作。在 Photoshop 中,使用"快速选择工具"可以从原画面中将需要的主体对象快速地抠取出来,再通过替换背景等方式来让拍摄的商品照片更符合主题的表现,获得更好的展示效果。

专家提点:简洁背景为后期处理打好基础

对于大部分商品照片来讲,都需要经过后期处理让画面变得更加美观,在拍摄商品时,为了便于在后期处理时能够快速地抠取图像,可以选用与要表现商品颜色反差较大的单色背景,为后期处理打好基础。

■ 应用要点——快速选择工具

"快速选择工具"主要通过鼠标单击在需要的区域迅速创建出选区,它以画笔的形式出现,通过调整画笔的笔触大小来控制选择对象的范围宽度,画笔直径越大,所选择的图像范围就越广。打开一幅素材图像,如下图所示,选择工具箱中的"快速选择工具",在"画笔预设"选取器中选择画笔并设置画笔直径大小,然后使用"快速选择工具"在商品位置单击,即可根据单击位置的颜色,快速创建选区。

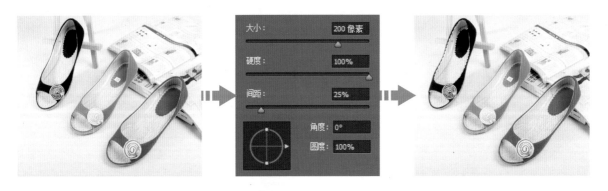

如果需要继续添加选区,则可以单击选项栏中的"添加到选区"按钮🖌️,继续使用此工具在图像中进行单击,将所有商品对象创建为选区,按下快捷键 Ctrl+J,就可以将选区中的图像抠取出来。

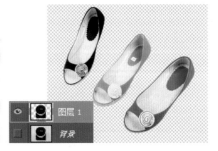

📷 示例　从单一背景中快速抠出精美化妆品

效果图

素　材　随书资源包 \ 素材 \05\01.jpg、02.jpg

源文件　随书资源包 \ 源文件 \05\ 从单一背景中快速抠出精美化妆品 .psd

原图

01 打开素材文件 **01.jpg**，在工具箱中单击"快速选择工具"按钮 🖌，将鼠标移至打开的化妆品图像上，在瓶身位置单击，可以看到在图像中创建了选区。

02 单击"快速选择工具"选项栏中的"添加到选区"按钮 🖌，继续在画面中的瓶子位置单击，将更多的图像添加至原选区之中。

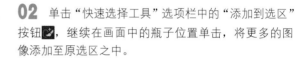

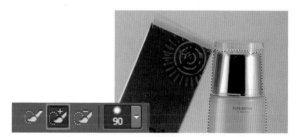

03 继续在化妆品上单击，编辑选区，再单击"快速选择工具"选项栏中的"从选区中减去"按钮 🖌，在不需要选择的背景图像上单击，减去选区，通过反复地调整选区，选中所有化妆品对象。

04 执行"选择 > 修改 > 收缩"菜单命令，在打开的对话框中设置"收缩量"为 1 像素，收缩选区，按下快捷键 Ctrl+J，复制选区内的图像，得到"图层 1"图层。

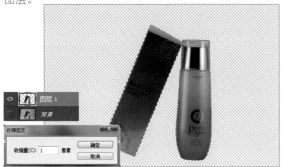

05 打开素材文件 02.jpg，将"图层 1"图层中的化妆品复制到打开的新的背景素材上，添加图层蒙版，运用黑色画笔在化妆品图像边缘涂抹，将多余的图像隐藏起来，双击"图层 1"图层，打开"图层样式"对话框，在对话框中设置"内发光"样式，为图像添加内发光效果。

06 按下 Ctrl 键不放，单击"图层 1"图层，载入选区，新建"色阶 1"调整图层，在打开的"属性"面板中输入色阶值为 0、1.94、208，调整化妆品的对比效果。

07 按下 Ctrl 键不放，单击"图层 1"图层，载入选区，新建"色相 / 饱和度 1"调整图层，并在"属性"面板中对各颜色的色相和饱和度进行调整，增强图像的色彩鲜艳度。

08 盖印"图层 1"及上方的所有调整图层，得到"色相 / 饱和度 1（合并）"图层，垂直翻转图像，添加图层蒙版，用"渐变工具"编辑图层蒙版，得到投影效果。

09 选择"背景"图层，运用"快速选择工具"在花朵图像上单击，创建选区，复制选区内的图像，得到"图层 2"图层，将此图层移至最上方，遮挡一部分化妆品图像。

5.2 连续地选择多个区域对象

商品照片的后期处理，经常会需要连续选择画面中的多个区域的图像。此时，可以应用 Photoshop 中的"魔棒工具"来实现。选择工具箱中的"魔棒工具"以后，在需要选择的对象上连续地单击，就可以将鼠标单击位置的图像添加至选区，选中更多的图像区域。

■ 应用要点——魔棒工具

"魔棒工具"用于选择图像中像素颜色相似的不规则区域，它主要通过图像的色调、饱和度和亮度信息来决定选取的图像范围。选择"魔棒工具"后，可通过选项栏中的设置来调整对象的选取方式和选择范围等。"魔棒工具"在选择图像时，主要由容差值的大小来确定选择的范围宽度，设置的容差值越大，所选择的图像范围就越大；设置的容差值越小，选择的图像范围就越小。

打开一幅素材图像，单击工具箱中的"魔棒工具"按钮，在选项栏中设置"容差"值为 50，将鼠标移至商品后方的背景位置，单击鼠标后，即可在图像中创建出选区。

单击"魔棒工具"选项栏中的"添加到选区"按钮，继续在图像中单击，经过多次单击后，可以看到整个背景图像被添加到选区中，执行"选择 > 反向"菜单命令，反选选区，就可选中玩具车部分，按下快捷键 Ctrl+J，可将选区内的图像抠出。

示例 抠出数码产品替换整洁背景

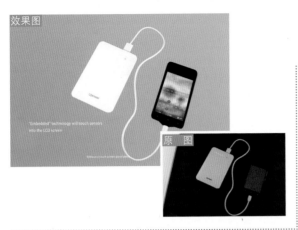
效果图
原图

素材 　随书资源包 \ 素材 \05\03.jpg、04.jpg

源文件 　随书资源包 \ 源文件 \05\ 抠出数码产品
　　　　替换整洁背景 .psd

01 打开素材文件 **03.jpg**，选择"魔棒工具"，将鼠标移至黑色的背景位置，单击鼠标，创建选区。

02 单击"魔棒工具"选项栏中的"添加到选区"按钮 █，继续在背景图像上单击，添加更多的图像至选区中。

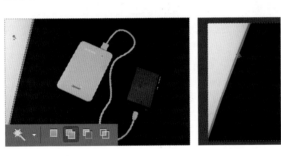

03 在"魔棒工具"选项栏中将"容差"值设置为 20，单击"从选区中减去"按钮 █，继续在背景位置单击，调整选区，将所有的背景图像添加至选区中。

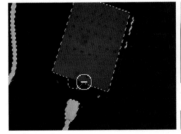 

04 执行"选择 > 反向"菜单命令，反选选区，将数码产品添加至选区，按下快捷键 **Ctrl+J**，复制选区内的图像，得到"图层 1"图层，单击"背景"图层前的"指示图层可见性"按钮 █，隐藏图层，查看抠出的图像。

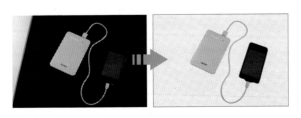

技巧　连续的对象选取

　　使用"魔棒工具"选择图像时，勾选"连续"复选框，则只选择与单击处相连的同色区域；若不勾选该复选框，则将选择所有与点击处颜色相近的部分。

05 为"图层 1"图层添加图层蒙版，设置前景色为黑色，运用画笔在抠出的图像边缘涂抹，隐藏抠出的多余的图像，得到更加精细的图像，按下快捷键 Ctrl+J，复制"图层 1"图层，得到"图层 1 拷贝"图层，右击图层蒙版，在弹出的菜单中执行"应用图层蒙版"按钮，应用蒙版。

06 设置前景色为 R168、G194、B0，背景色为 R122、G143、B2，在"背景"图层上新建"图层 2"图层，选择"渐变工具"，单击"径向渐变"按钮，在新建的图层中拖曳径向渐变效果。

07 按下 Ctrl 键不放，单击"图层 1"图层，将抠出的手机及充电宝图像载入选区，单击"调整"面板中的"色阶"按钮，新建"色阶"调整图层，在打开的"属性"面板中输入色阶值为 0、2.79、175，提高中间调和阴影图像的亮度，选择"画笔工具"，设置前景色为黑色，用画笔在手机上涂抹，还原手机的亮度。

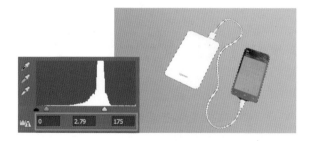

08 打开素材文件 04.jpg，将打开的图像复制到抠出的手机图像上方，按下快捷键 Ctrl+T，打开自由变换编辑框，右击编辑框中的图像，在弹出的菜单中执行"编辑 > 变换 > 透视"菜单命令，调整透视角度，再右击编辑框中的图像，在弹出的菜单中执行"缩放"命令，缩放图像，再按下键盘中的 Enter 键，应用变换效果。

09 隐藏上一步添加的手机界面所在的"图层 3"图层，选择工具箱中的"魔棒工具"，在右侧的手机图像上单击，创建选区，单击选项栏中的"添加到选区"按钮，继续在手机图像内部单击，将整个手机屏幕添加至选区。

10 显示隐藏的"图层 3"图层，单击"图层"面板底部的"添加图层蒙版"按钮，为"图层 3"图层添加图层蒙版，将选区外的图像隐藏起来，选择"横排文字工具"，在图像左侧输入合适的白色文字。

5.3 抠取边缘反差较大的图像

为了让拍摄出来的商品更为醒目，摄影者在拍摄的过程中，往往会选择在与商品色彩反差较大的环境下进行拍摄，从而更好地突显画面中的商品对象。对于这类照片的后期处理，可以利用"磁性套索工具"沿画面中的商品对象单击并拖曳，从而抠出较为准确的商品对象。

■ 应用要点——磁性套索工具

"磁性套索工具"适用于快速选择边缘与背景反差较大且边缘复杂的对象，图像反差越大，所选择的对象就越精准。打开素材图像，在工具箱中单击"磁性套索工具"按钮，然后在图像中需要选择的对象的某一处单击，并沿对象边缘拖曳鼠标，即可自动创建带锚点的路径，双击鼠标或当终点与起点重合时单击，就会自动创建出闭合的选区，如下图所示。

  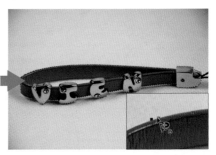

使用"磁性套索工具"选择对象时，用户还可以根据具体的对象调整选项栏中的选项设置，选择更精确的图像。在"磁性套索工具"选项栏中包括了"宽度""对比度"和"频率"三个非常重要的选项，其中"宽度"选项主要用于设置检测的范围，系统会以当前光标所在的点为标准，在设置的范围内查找反差最大的边缘，设置的值越小，创建的选区越精确；"对比度"选项用于设置边界的灵敏度，设置的值越高，则要求边缘与周围环境的反差越大；"频率"选项用于设置生成锚点的密度，设置的值越大，在图像中生成的锚点就越多，选取的图像就越精确，如左图所示。

📷 **示例 抠出精致的时尚小包**

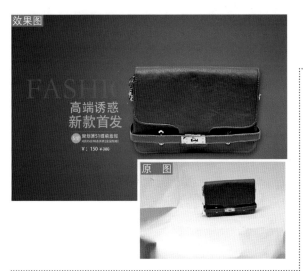

效果图

FASHIO

高端诱惑
新款首发

¥: 150 ¥300

原 图

素 材 随书资源包\素材\05\05.jpg

源文件 随书资源包\源文件\05\抠出精致的时
尚小包.psd

01 打开素材文件 **05.jpg**，在图像窗口查看打开的原始图像，按下快捷键 **Ctrl++**，放大图像，选择"磁性套索工具"，在选项栏中设置选项，再沿包包边缘单击并拖曳鼠标。

02 当拖曳的终点与起点重合时，可以看到光标变为 形，单击鼠标可以连接路径，获得选区，此时可以看到照片中的包包对象被添加到设置的选区之中。

03 单击"磁性套索工具"选项栏中的"从选区减去"按钮，按下快捷键 **Ctrl++**，放大图像，在包包选区内的背景图像上继续单击并拖曳鼠标，绘制出路径效果，当绘制的起点与终点重合时，创建选区，此时会在原选区中删除新创建的选区。

04 继续使用同样的操作方法，对选区进行调整，删除原选区中的背景图像，将原选区中选中的多余图像从选区中删除。

05 执行"选择 > 修改 > 收缩"菜单命令，打开"收缩选区"对话框，在对话框中设置"收缩量"为 2 像素，单击"确定"按钮，收缩选区，按下快捷键 **Ctrl+J**，复制选区内的图像，得到"图层 1"图层。

06 复制"图层1"图层，得到"图层1拷贝"图层，执行"滤镜 > 其他 > 高反差保留"菜单命令，打开"高反差保留"对话框，输入"半径"为8.0像素，单击"确定"按钮，选中"图层1拷贝"图层，设置图层混合模式为"叠加"。

07 运用"裁剪工具"裁剪多余的图像边缘，然后在"图层1"图层下方新建"图层2"图层，选择"渐变工具"，设置前景色为R34、G139、B200，背景色为R4、G67、B109，单击"径向渐变"按钮，为抠出的包包图像填充渐变背景。

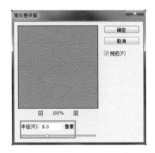

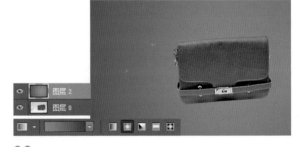

08 单击"图层"面板中的"图层1"图层，载入包包选区，新建"色阶1"调整图层，在"属性"面板中输入色阶为7、1.00、196，新建"自然饱和度1"调整图层，设置"自然饱和度"为+100、"饱和度"为+36，调整包包的颜色鲜艳度。

09 载入包包选区，新建"色阶2"调整图层，打开"属性"面板，在面板中单击"预设"下拉按钮，在展开的列表中选择"中间调较亮"选项，提亮中间调，选用形状工具和文字工具为画面添加合适的图形与文字，最后适当旋转一下整个包包的角度。

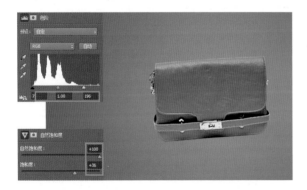
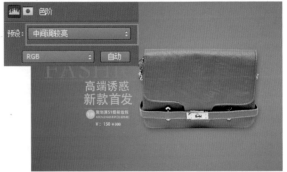

5.4 选择轮廓清晰的商品对象

为了商品的携带、运输和保护，一般都会为商品设置包装盒。商品包装盒多为正方形、长方形等规则的形状，对于此类照片的后期处理，可以运用 Photoshop 中的"多边形套索工具"进行处理。选择工具箱中的"多边形套索工具"，然后在图像中连续单击，就可以将商品从原图像中抠取出来。

■ 应用要点——多边形套索工具

"多边形套索工具"主要用于在图像或某个图层中手动创建多边形不规则选区。使用"多边形套索工具"可快速选择轮廓较为规则的多边形商品对象，如数码产品、商品外包装盒等。

打开素材图像，在工具箱中单击"多边形套索工具"按钮，使用鼠标在图像中需要创建选区的图像上连续单击，以绘制出一个多边形，双击鼠标，即可自动闭合多边形路径并获得选区，如右图所示，此时复制选区内的图像就可以抠出图像。

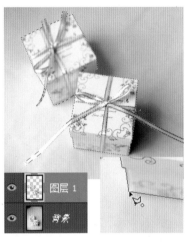

示例 抠出精美的项链

效果图

素　材　随书资源包 \ 素材 \05\06.jpg、07.jpg
源文件　随书资源包 \ 源文件 \05\ 抠出精美的项链 .psd

原图

01 打开素材文件 **06.jpg**，单击工具箱中的"多边形套索工具"按钮，选中"多边形套索工具"，设置"羽化"为 **2** 像素，在首饰盒子的边缘位置单击，创建路径起点。

02 将鼠标移至首饰盒子的另一个边缘位置，单击鼠标，添加第二个路径锚点，并在两个锚点之间以直线路径的方式连接起来。

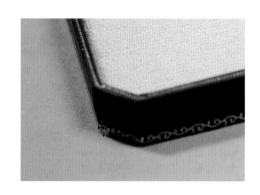

03 继续使用"多边形套索工具"沿首饰盒对象绘制路径，当绘制的路径起点与终点重合时，光标会变为 形，单击鼠标，创建出选区。

04 为"图层 **1**"图层添加图层蒙版，运用"渐变工具"编辑图层蒙版，然后双击"图层 **1**"图层，打开"图层样式"对话框，在对话框中设置"投影"选项，为图像添加投影效果。

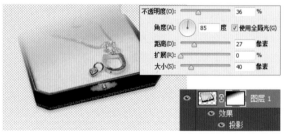

05 选择"图层 **1**"图层，复制该图层，得到"图层 **1** 拷贝"图层，删除图层样式，运用"渐变工具"调整蒙版，隐藏右下角的图像，再执行"滤镜 > 模糊 > 高斯模糊"菜单命令，设置"半径"为 **7.0** 像素，单击"确定"按钮，模糊图像。

06 打开素材文件 **07.jpg**，将打开的素材图像复制到抠出的图像下方，选择"渐变工具"，创建"图层 **3**"图层，应用此工具在图像上拖曳渐变效果，根据画面效果，对图层混合模式进行调整，使画面的色彩过渡得更自然。

5.5 精细抠取图像

商品照片后期处理过程中，经常需要抠取一些边缘轮廓比较复杂的图像，而使用简单的选择工具并不能完成图像的准确选择，这时可以使用"钢笔工具"来实现。通过"钢笔工具"沿需要选择的对象绘制工作路径，然后将绘制的路径转换为选区，复制选区即可将选区中的图像抠出。

■ 应用要点——钢笔工具

"钢笔工具"可以绘制出精确的直线或曲线路径，通过将这些绘制的路径转换为选区，就能够从原图像中选出需要的对象。

打开一张商品照片，如右图所示，选择工具箱中的"钢笔工具"，将鼠标移至要选择的商品对象上，单击鼠标添加路径起始锚点，在商品的另一边缘位置单击，添加第二个路径锚点，如下图所示。

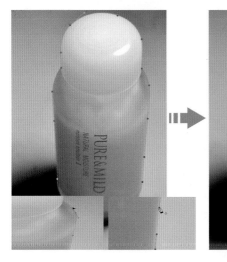

继续沿对象绘制路径，在另一位置单击添加路径锚点，按下鼠标不放，单击并拖曳，绘制出曲线路径，经过连续的单击并拖曳操作，绘制出一个完整的工作路径，打开"路径"面板，在面板中会看到绘制的路径缩览图，单击面板中的"将路径作为选区载入"按钮，就可将绘制的路径转换为选区，此时可以看到原画面中的商品对象已被添加到选区中，如左图所示。

示例 抠出漂亮的时尚美鞋

素材 随书资源包 \ 素材 \05\08.jpg

源文件 随书资源包 \ 源文件 \05\ 抠出漂亮的
时尚美鞋 .psd

01 打开素材文件，在图像窗口中查看打开的原图像
效果，选择工具箱中的"钢笔工具"，在鞋子的边缘位
置单击，添加一个路径锚点。

02 将鼠标移至鞋子边缘的另一
位置，单击并按下鼠标不放，拖
曳鼠标，绘制出一条曲线路径。

03 创建曲线路径后，按下 Alt
键不放，单击绘制的第二个路径
锚点，转换锚点。

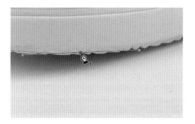

04 将鼠标移至鞋子边缘的另一
位置，单击并按下鼠标不放，拖
曳鼠标，再绘制出一条曲线路径。

05 继续使用同样的方法，沿鞋
子边缘绘制出一个封闭的工作路
径，再单击选项栏中的"路径操作"
按钮，在弹出的下拉列表中单
击"合并形状"选项。

06 使用同样的方法，沿另一只鞋子绘制路径，然后按下 Shift 键不放，
选用"直接选择工具"单击绘制的路径，同时选中两个路径，右击工作路径，
在弹出的菜单中执行"建立选区"命令，打开"建立选区"对话框，在对
话框中设置"羽化半径"为 1 像素，设置后单击"确定"按钮。

07 将绘制的路径创建为选区，选中"背景"图层，按下快捷键 Ctrl+J，复制选区内的图像，得到"图层 1"图层，单击"背景"图层前的"指示图层可见性"按钮 👁，隐藏图层，查看抠出的鞋子图像。

08 单击"图层"面板中的"创建新图层"按钮 🔲，在"背景"图层上新建"图层 2"图层，设置前景色为 R255、G230、B235，按下快捷键 Alt+Delete，将"图层 2"图层填充为粉色。

技巧 01 路径与选区的转换

运用"钢笔工具"抠图时，只有将绘制的工作路径转换为选区，才能将对象从原图像中抠取出来。Photoshop 中要将路径转换为选区有多种方法，最方便的就是运用"路径"面板进行转换。在"路径"面板中选中要转换为选区的工作路径，单击面板底部的"将路径作为选区载入"按钮，就能快速地将路径转换为选区。除此之外，还可以运用快捷菜单转换，右击图像中绘制的工作路径，在弹出的快捷菜单中执行"建立选区"命令，打开"建立选区"对话框，在对话框中设置参数，创建选区；其次可以按下快捷键 Ctrl+Enter，快速将路径转换为选区。

09 双击"图层 1"图层，打开"图层样式"对话框，在对话框中选择"投影"样式，设置颜色为 R195、G132、B154，"不透明度"为 30%，"角度"为 76 度，"距离"为 12 像素，"大小"为 24 像素，单击"确定"按钮，根据设置的样式，为抠出的鞋子添加投影效果。

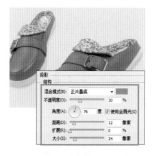

10 按下 Ctrl 键不放，单击"图层 1"图层，载入选区，新建"色阶 1"调整图层，并在"属性"面板中输入色阶值为 0、1.18、233，新建"色相 / 饱和度 1"调整图层，并在"属性"面板中输入"色相"为 -3，"饱和度"为 +8，调整鞋子影调，结合图形绘制工具和文字工具添加图形与文字效果。

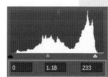 

技巧 02 将需要调整的图层载入选区

抠取图像后，往往需要对抠出的图像的明暗、颜色进行调整，此时就需要将抠出的图像载入选区。Photoshop 中，要将图层中的对象载入选区，可以按下 Ctrl 键不放，单击"图层"面板中的图层缩览图；也可以在"图层"面板中选中图层后，执行"选择 > 载入选区"菜单命令，打开"载入选区"对话框，在对话框中设置选项，载入选区。

5.6 特殊商品对象的抠取

玻璃、水晶类饰品等半透明物品的抠取是抠图中的一大难点，对于此类商品对象的抠取，不仅需要抠出物体的整体轮廓，而且还需要将物体的透明质感表现出来。在后期处理时，需要先运用"钢笔工具"抠出商品对象，再运用通道对抠出的图像进行编辑，选出半透明的商品对象。

■ 1. 应用要点——复制通道

通道是编辑图像的基础，具有极强的可编辑性，在商品照片后期处理过程中，使用通道抠图可以精确地抠出画面中需要的对象，得到最为理想的抠图效果。运用通道抠图前，通常需要将通道中的图像进行复制操作，打开图像后，切换至"通道"面板，在面板中选择要复制的颜色通道，执行"编辑 > 拷贝"菜单命令或将要复制的通道拖曳至"创建新通道"按钮，复制选中的通道中的图像，复制通道后，可以运用工具箱中的工具对通道中的图像进行编辑操作，即把需要保留的图像涂抹为白色，不需要保留的区域涂抹为黑色，如下图所示。

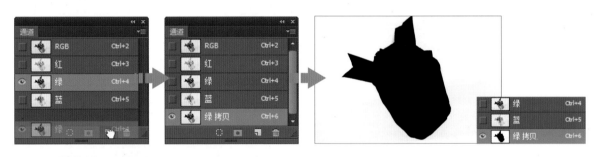

■ 2. 应用要点——载入通道选区

在"通道"面板中完成通道的编辑后，就可以将通道中的图像载入选区，进行图像的抠取操作。载入通道图像时，选择要载入的通道图像，按下 Ctrl 键不放，单击通道缩览图或单击"通道"面板底部的"将通道作为选区载入"按钮，就会将该通道中的图像载入选区。载入选区以后，切换至"图层"面板，在图像窗口中就会看到载入的通道选区范围，如左图所示。

📷 示例 抠出半透明的玻璃瓶

效果图

原图

素材　随书资源包 \ 素材 \05\09.jpg

源文件　随书资源包 \ 源文件 \05\ 抠出半透明的
　　　　玻璃瓶 .psd

01 打开素材文件，在图像窗口查看打开的原图像效果，单击工具箱中的"钢笔工具"按钮，沿照片中的瓶子对象绘制路径。

02 单击"路径"面板底部的"将路径作为选区载入"按钮▣，将路径转换为选区，按下快捷键 **Ctrl+J**，复制选区内的图像，抠出瓶子图像，得到"图层 1"图层。隐藏"背景"图层。

03 单击"图层"面板中的"创建新图层"按钮▣，在"图层 1"图层下方新建"图层 2"图层，设置前景色为黑色，按下快捷键 **Alt+Delete**，将"图层 2"图层填充为黑色。

04 单击"通道"标签,切换至"通道"面板,在面板中选中"蓝"通道,并将此通道拖曳至"创建新通道"按钮 ,复制通道,得到"蓝拷贝"通道。

05 执行"图像 > 调整 > 亮度 / 对比度"菜单命令,打开"亮度 / 对比度"对话框,在对话框中输入"亮度"为 60、"对比度"为 100,提亮图像,增强对比效果。

06 在"通道"面板中单击面板底部的"将通道作为选区载入"按钮 ,将"蓝拷贝"通道中的图像载入选区,并在图像窗口中查看载入的选区效果。

07 按下 Ctrl 键不放,单击"通道"面板中的 RGB 颜色通道,查看载入的选区效果,再执行"选择 > 反向"菜单命令,反选选区。

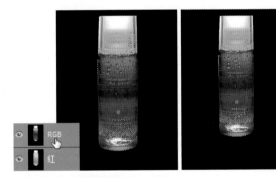

08 在"图层"面板中选中"图层 1"图层,单击"图层"面板底部的"添加图层蒙版"按钮 ,为"图层 1"图层添加蒙版效果。

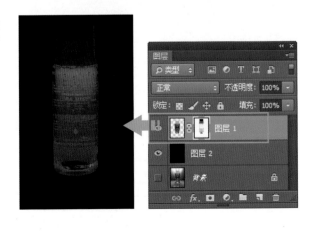

09 选中"图层 1"图层,按下快捷键 Ctrl+J,复制图层,得到"图层 1 拷贝"图层,并将其移至"图层 1"图层下方,编辑图层蒙版,将需要设置为透明区域的瓶身及背景涂抹为黑色。

10 使用"移动工具"稍微向下移动调整瓶子位置,在"图层 2"图层上方新建"图层 3"图层,设置前景色为白色,按下快捷键 Alt+Delete,将图层填充为白色,为瓶子添加白色的背景。

11 按下 Ctrl 键单击"图层 1 拷贝"图层,载入选区,新建"色阶 1"调整图层,输入色阶值为 0、1.12、179,调整瓶子的影调。

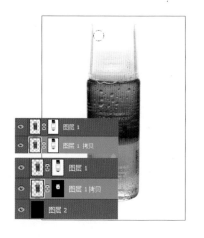

12 按下快捷键 Ctrl+J,复制"色阶"调整图层,得到"色阶 1 拷贝"调整图层,单击"色阶 1 拷贝"图层蒙版,使用黑色的画笔编辑蒙版,使瓶子层次感更加突出。

13 盖印瓶子及上方的所有调整图层,得到"色阶 1 拷贝(合并)"图层,执行"编辑 > 变换 > 垂直翻转"菜单命令,翻转图像,添加图层蒙版,应用"渐变工具"编辑图层蒙版,设置为倒影效果。

5.7 抠取商品的阴影

商品照片中出现的阴影能够让画面看起来更有立体感。在商品照片后期抠图过程中，为了让抠出的商品显得更为真实，不仅需要将主体商品对象抠出，往往还需要将商品旁边的阴影部分抠出。Photoshop 中，运用图层蒙版可以准确地抠出阴影图像，使画面变得更为美观。

■ 1. 应用要点——图层蒙版

图层蒙版也称为像素蒙版，它将不同的灰度值转化为不同的透明度，并作用于它所在的图层，使图层不同部分的透明度产生变化。在图层蒙版中，蒙版中的黑色为完全不透明，即遮盖区域；白色为完全透明，即显示区域；介于白色和黑色之间的灰色为半透明效果。

打开素材图像并复制"背景"图层，单击原"背景"图层前的"指示图层可见性"按钮，将"背景"图层隐藏，选中"背景拷贝"图层，单击"图层"面板中的"添加图层蒙版"按钮，添加图层蒙版。添加蒙版后，整个蒙版显示为白色，即完全显示图像，如右图所示。

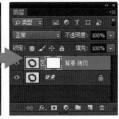

■ 2. 应用要点——用工具编辑蒙版

创建图层蒙版后，可以运用工具箱中的画笔工具、渐变工具等工具对蒙版做进一步的编辑。单击"图层"面板中的蒙版缩览图，设置前景色为黑色，运用"画笔工具"在商品旁边的背景区域涂抹，可以看到涂抹区域的图像被隐藏起来。经过多次涂抹操作，可以将商品旁边的背景完全隐藏，此时可以用新的背景替换原背景，如右图所示。

📷 示例 抠出阴影让画面更有立体感

效果图

原图

素　材　随书资源包 \ 素材 \05\10.jpg

源文件　随书资源包 \ 源文件 \05\ 抠出阴影让
画面更有立体感 .psd

01 打开素材文件,选择工具箱中的"钢笔工具",沿鞋子图像绘制封闭的工作路径。

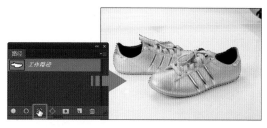

02 单击"路径"面板标签,切换至"路径"面板,在面板中单击"将路径作为选区载入"按钮 ▦,将绘制的路径转换为选区,选中画面中的鞋子图像。

03 按下快捷键 Ctrl+J,复制图层,得到"图层 1"图层,单击"图层"面板底部的"创建新图层"按钮 ▫,在"背景"图层上新建"图层 2"图层,将该图层填充为白色。

04 隐藏"图层 1"图层和"图层 2"图层,选择"背景"图层,执行"选择 > 色彩范围"菜单命令,打开"色彩范围"对话框,在对话框中选择"中间调"选项,单击"确定"按钮,创建选区。

05 按下快捷键 Ctrl+J,复制选区内的图像,得到"图层 3"图层,将此图层移至"图层 2"图层上方,再按下 Ctrl 键不放,单击"图层 3"图层缩览图,载入"图层 3"选区。

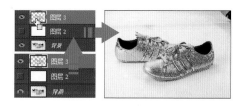

06 单击"添加图层蒙版"按钮 ◻，为"图层3"图层添加蒙版，显示"图层1"图层和"图层2"图层，单击"图层3"蒙版，选用黑色画笔在图像右上角涂抹，隐藏右上角多余图像。

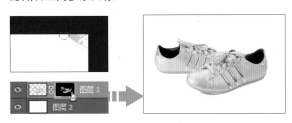

07 选择"背景"图层，按下快捷键 **Ctrl+J**，复制图层，得到"背景拷贝"图层，将复制的"背景拷贝"图层移至"图层1"图层下方。

08 按下 **Ctrl** 键不放，单击"图层1"图层，载入选区，选中"背景拷贝"图层，单击"图层"面板中的"添加图层蒙版"按钮 ◻，为"背景拷贝"图层添加蒙版，单击"图层1"图层前的"指示图层可见性"按钮，隐藏图层。

09 设置前景色为白色，选择"画笔工具"，在选项栏中设置"不透明度"为44%，运用白色画笔在鞋子下方的边缘位置涂抹，将隐藏的阴影重新显示出来。

技巧 01 调整蒙版抠出细节

在对图像使用图层蒙版进行编辑时，常会发现抠取的图像边缘效果不理想。Photoshop为了解决这一问题，设置了"调整边缘"功能，使用该功能，可以对蒙版边缘做进一步的修整。在图层中添加蒙版后，单击"蒙版"面板中的"蒙版边缘"按钮，打开"调整蒙版"对话框，在对话框中对蒙版边缘的平滑、羽化以及移动边缘等进行调整，可将蒙版边缘调整至需要的理想效果。

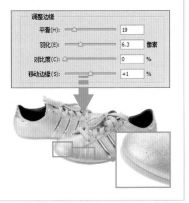

技巧 02 运用不同方式查看抠出商品

运用"调整边缘"功能调整蒙版边缘时，可以通过"调整蒙版"对话框下方的"输出到"选项，查看抠出的图像。单击"输出到"选项右侧的下拉按钮，在打开的下拉列表中可看到软件提供的多种输出方式，选择输出方式并确认操作后，在图像窗口中即可以选择的方式查看调整边缘的蒙版效果。

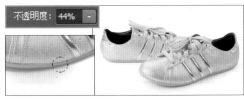

第6章 细节处理美化商品

商品照片后期处理过程中，对照片中各细节的调修是非常重要的，一些小小的细节美化就可以让我们拍摄的照片发生质的变化。利用 Photoshop 中锐化与模糊功能可以对照片的细节进行完善，弥补拍摄中由于环境或操作不当等因素造成的画面问题，打造出高品质的影像。本章会对常用的模糊与锐化方法进行讲解，使读者可以学到更多实用的商品照片处理技法。

本章重点

- 商品层次的突出表现
- 修复镜头抖动产生的模糊
- 局部锐化图像
- 商品照片的快速模糊处理

- 模拟镜头模糊效果
- 设定逼真光圈模糊
- 用装饰元素丰富画面

6.1 商品层次的突出表现

商品照片的后期处理离不开细节的调整，通过对照片进行局部的加深或减淡能够轻松获得层次分明的画面。在 Photoshop 中可以运用加深／减淡工具对照片中阴影、中间调以及高光等各区域的图像进行快速的加深或减淡，从而达到增强对比、提升画面层次的目的。

专家提点：商品细节和层次的展现

在商品摄影中，柔和的光线利于表现商品细节，而较硬光线则可以使商品更有层次，为画面带来更强的视觉效果，因此拍摄者应针对不同的商品属性来营造合适的光影，不但可以突出商品的特点，而且能够得到更有层次的画面。

■ **1. 应用要点——加深工具**

"加深工具"是基于调整照片特定区域的曝光度的传统摄影技术，可以使图像区域变亮或变暗。选择"加深工具"后，在图像上涂抹绘制，就会使涂抹绘制的图像区域变得更暗，在某个区域上方涂抹的次数越多，图像就会变得越暗。打开一张拍摄的小商品图像，单击工具箱中的"加深工具"按钮，在选项栏中将"曝光度"设置为 20%，运用画笔在商品所在位置涂抹绘制，经过反复绘制后，可以看到商品区域的对象变得更暗，如下图所示。

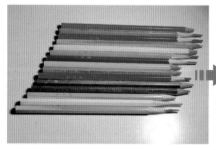

■ **2. 应用要点——减淡工具**

"减淡工具"与"加深工具"作用刚好相反，使用"减淡工具"在图像上涂抹，可以使涂抹区域的图像变亮。如右图所示，打开照片后，单击工具箱中的"减淡工具"按钮，在选项栏中设置"曝光度"为 30%，在照片中需要减淡的位置涂抹，提高涂抹区域的图像亮度。

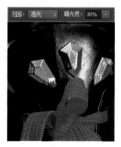

![示例图标] **示例** 加深/减淡图像突出商品细节

效果图

原图

素 材	随书资源包 \ 素材 \06\01.jpg
源文件	随书资源包 \ 源文件 \06\ 加深 / 减淡图 像突出商品细节 .psd

01 打开素材文件，复制"背景"图层，得到"背景拷贝"图层，执行"滤镜 > 其他 > 高反差保留"菜单命令,打开"高反差保留"对话框，在对话框中输入"半径"为 3.2 像素，单击"确定"按钮，将"背景拷贝"图层混合模式设置为"叠加","不透明度"为 80%。

02 单击"调整"面板中的"色阶"按钮📊,新建"色阶 1"调整图层，并在"属性"面板中输入色阶值为 8、1.00、234，调整对比效果。

03 单击"调整"面板中的"自然饱和度"按钮🔽,新建"自然饱和度 1"调整图层，打开"属性"面板，在面板中将"自然饱和度"滑块拖曳至 +92 位置，提高照片的色彩鲜艳度。

指定加深/减淡范围

使用"加深工具"或"减淡工具"调整图像的明亮度时，可以通过选项栏中的"范围"选项，调整需要加深／减淡的图像范围。单击"范围"下拉按钮，在展开的下拉列表中可看到"中间调""高光"和"阴影"三个选项，默认选择"中间调"选项，此时涂抹对象时，会更改图像中灰色的中间色调；单击选择"高光"选项，在图像上涂抹会更改亮的高光区域；单击选择"阴影"选项，在图像上涂抹会更改暗的阴影部分。

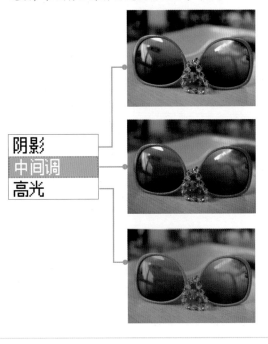

阴影
中间调
高光

保护图像色彩

在对照片进行加深或减淡操作时，如果需要保留原图像的色调，需要勾选工具选项栏中的"保护色调"复选框。勾选该复选框以后，可以最小化阴影和进行高光中的修剪，并且还可以防止颜色发生色相偏移，在对图像进行加深或减淡的同时更好地保护原图像的色调。

04 新建"色彩平衡 1"调整图层，打开"属性"面板，在面板中选择"中间调"，输入颜色值为 +17、0、-6。

05 按下快捷键 Ctrl+Shift+Alt+E，盖印图层，得到"图层 1"图层，选择工具箱中的"加深工具"，在选项栏中设置"范围"为"阴影"、"曝光度"为 10%，在眼镜下方的深色部分涂抹。

06 复制"图层 1"图层选择工具箱中的"减淡工具"，在显示的工具选项栏中设置范围为"高光"、"曝光度"为 5%，在眼睛上方的亮部位置涂抹，减淡图像，新建"色彩平衡 2"调整图层，输入颜色值为 -15、+12、+17，降低红色浓度。

6.2 修复镜头抖动产生的模糊

摄影中，导致照片模糊的原因有很多，其中最为常见的就是镜头抖动。如果数码相机不具备自动防抖功能，则很容易因为镜头抖动使画面跑焦，出现模糊的现象，在后期处理时，可以应用 Photoshop 提供的"防抖"滤镜进行锐化处理，还原清晰的画面。

■ 应用要点——"防抖"滤镜

"防抖"滤镜是 Photoshop CC 新增的一个智能锐化滤镜，它可以自动减少因为相机抖动而产生的图像模糊，如线性运动、旋转运动以及弧形运动等。全新的"防抖"滤镜并不是所有图像都适合，它仅仅适合于处理曝光均匀且杂色较低的照片，例如使用长焦镜头拍摄的图像、不开闪光灯的情况下用较慢的快门速度拍摄的室内静态图像等，这些照片都可以通过该滤镜对其进行锐化，减少相机抖动所产生的模糊效果。

打开一张因为相机抖动而拍摄出来的商品照片，可以看到图像中显示出类似于动感模糊的效果，此时在图像商品边缘会显示出重影，执行"滤镜 > 锐化 > 防抖"菜单命令，打开如右图所示的"防抖"对话框，在对话框中结合"模糊评估工具"和"模糊方向工具"以及各参数的设置，对照片进行特殊的锐化处理。

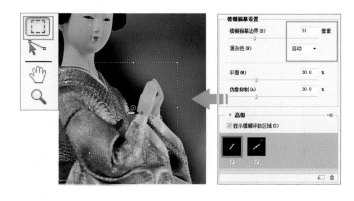

使用"防抖"滤镜进行编辑前，应先观察照片中抖动模糊最为明显的区域，并将其定义为模糊的评估区域，以便于 Photoshop 更容易对其进行计算和处理，还原出清晰的图像。如左图所示，单击"防抖"对话框左上角的"模糊评估工具"按钮，使用此工具在预览窗口中模糊最明显的区域单击并拖曳，将其框选至虚线框中，框选图像后，可在右侧对"模糊描摹设置"选项组中的选项进行调整，如左图所示。

在"防抖"滤镜对话框中设定好模糊评估范围后，就需要对照片的模糊角度和模糊造成的重影长短进行设置。通过对模糊方向进行设定，才能让 Photoshop 根据设置的模糊轨迹对照片的模糊进行锐化处理。单击"防抖"对话框左上角的"模糊方向工具"按钮 ，然后使用该工具在设定的模糊评估范围内单击并拖曳，绘制出模糊的路径，并结合"模糊描摹长度"和"模糊描摹方向"选项实时查看绘制所产生的数据。"模糊描摹长度"选项对应图像中绘制的直线长度，而"模糊描摹方向"选项对应直线的角度。

左图中，选用"模糊方向工具"在图像上单击并拖曳出一条模糊方向线，再根据图像的模糊程度，对"模糊描摹设置"选项组中的选项进行设置，设置"模糊描摹长度"为 8.5 像素、"模糊描摹方向"为 35.5°，设置后，在图像预览窗口中可看到经过锐化后，图像变得清晰了。

📷 示例　锐化图像获得清晰的影像

效果图

素　材　随书资源包 \ 素材 \06\02.jpg
源文件　随书资源包 \ 源文件 \06\ 锐化图像获得清晰的影像 .psd

原　图

01 打开素材文件，在"图层"面板中复制"背景"图层，得到"背景拷贝"图层，执行"滤镜 > 锐化 > 防抖"菜单命令，打开"防抖"对话框。

02 单击"防抖"对话框中的"模糊评估工具"按钮，将鼠标移至画面中间的化妆品对象位置，单击并拖曳鼠标，绘制模糊评估选区，然后在左侧的"模糊描摹设置"下输入"模糊描摹边界"为 **37**，设置后锐化图像。

03 再次单击"防抖"对话框中的"模糊评估工具"按钮，将鼠标移至画面左侧的化妆瓶位置拖曳鼠标，绘制模糊评估选区，然后在右侧的"模糊描摹设置"下输入"模糊描摹边界"为 **37**，设置后单击"确定"按钮，锐化图像。

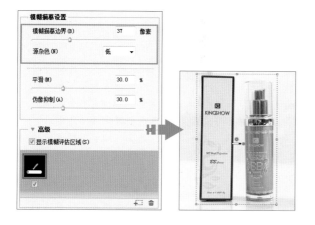

04 选择"矩形选框工具"，在画面右侧的化妆瓶上方绘制选区，选取图像，按下快捷键 **Ctrl+J**，复制选区内的图像，得到"图层 2"图层，执行"滤镜 > 锐化 >USM 锐化"菜单命令，打开"USM 锐化"对话框，在对话框中设置选项，单击"确定"按钮，进一步锐化图像。

05 单击"调整"面板中的"色彩平衡"按钮 ⚖，新建"色彩平衡"调整图层,并在"属性"面板中选择"中间调"选项,输入颜色值为 -15、-22、+14,平衡照片颜色。

通常在进行编辑时,需要对图像进行放大或缩小,以查看图像比较清晰的细节效果,让处理的结果更加准确。在"防抖"对话框中可用"缩放工具"对图像进行缩放操作。

技巧 02 更高级的商品锐化处理

"防抖"滤镜不仅适合于单个区域的图像锐化处理,它也适合于多个区域的锐化处理。当照片中不同区域具有不同形状的模糊时,如果需要还原到清晰的图像,就可以在图像中应用"模糊评估工具"和"模糊方向工具"创建多个模糊评估区,通过进一步对图像进行微调,让 Photoshop 来计算和考虑对多个区域应用不同的模糊描摹。使用"模糊评估工具"和"模糊方向工具"在预览窗口中创建多个模糊评估区以后,这些创建的模糊评估区会被罗列在"高级"选项下,用户可以单击某个模糊描摹,并在"细节"预览中将其放大显示。

在"高级"选项中,每个模糊描摹区域在预览窗口中都会有相应的模糊点进行显示,在对模糊描摹进行编辑时,"高级"选项中的模糊评估区域也会自动同步更新。如果需要创建新的模糊描摹,则可以单击"高级"选项下方的"添加建议的模糊描摹"按钮 ⊞,如下左图所示,即可自动创建一个带有模糊评估区域的模糊描摹,如下中图所示。

如果要删除创建的模糊描摹,只需选中要删除的模糊描摹后,单击高级选项下方的"删除模糊描摹"按钮 🗑,如下右图所示,即可看到被选中的模糊评估区域被删除。

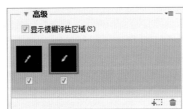
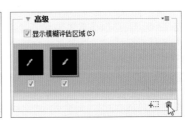

6.3 局部锐化图像

商品照片后期处理时,对照片进行锐化可以让图像变得更清晰。大多数情况下,对照片的锐化操作只需要在主体进行局部锐化操作。Photoshop 中,可以运用"USM 锐化"滤镜快速对照片进行锐化操作,使模糊的图像变得更清晰。同时,结合蒙版将不需要锐化的图像隐藏,可以使处理后的照片更有层次感。

■ **应用要点——"USM锐化"滤镜**

Photoshop 中的"USM 锐化"滤镜可以调整图像的对比度,使画面变得清晰。"USM 锐化"滤镜提供了三个独立的锐化调整选项,可对图像进行精细的锐化处理。

打开一张清晰度不高的素材照片,执行"滤镜 > 锐化 >USM 锐化"菜单命令,打开如右图所示的"USM 锐化"对话框。

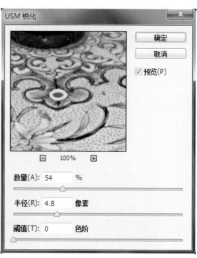

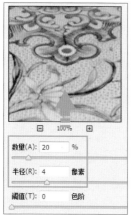

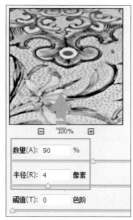

在打开的"USM 锐化"对话框中结合"半径"和"数量"选项调整锐化的强度,其中"半径"选项用于控制边界每侧样本点数和光标宽度,数值大,锐化效果在整幅图像内相对较均匀,数值小,则只对反差较大的边缘进行锐化。当"半径"值一定时,"数量"就可以决定像素变亮或变暗的程度,数值越大,产生的对比越强,得到的图像就越清晰。如左图所示,设置"半径"为 4 像素,分别设置"数量"为 20% 和 90% 时,可以在对话框上方的预览框中显示出应用滤镜后的不同效果。

示例 通过局部锐化突出包包纹理

效果图

原 图

素 材　随书资源包 \ 素材 \06\03.jpg

源文件　随书资源包 \ 源文件 \06\ 通过局部锐化
突出包包纹理 .psd

01 打开素材文件,在"图层"面板中复制"背景"图层,
得到"背景拷贝"图层。

02 执行"滤镜 > 锐化 >USM 锐化"菜单命令,打
开"USM 锐化"对话框,在对话框中输入"数量"为
95%、"半径"为 **5.0** 像素,单击"确定"按钮,锐化图像。

03 在"图层"面板中选中锐化后的"背景拷贝"图层,单击"添
加图层蒙版"按钮 ,为"背景拷贝"图层添加图层蒙版,选择"画
笔工具",设置前景色为黑色,用画笔在图像的边缘位置涂抹,
使锐化的图像变得模糊一些,以突出中间部分的包包纹理。

04 按下 Ctrl 键不放单击"背景拷贝 1"图层蒙版缩览图，载入蒙版选区，按下快捷键 Ctrl+J，复制选区中的图像，得到"图层 1"图层，执行"滤镜 >USM 锐化"菜单命令，再次对图像应用滤镜，锐化图像，并添加图层蒙版，用黑色的画笔在不需要锐化的区域涂抹，还原图像的清晰度。

05 单击"调整"面板中的"色彩平衡"按钮，新建"色彩平衡 1"调整图层，打开"属性"面板，在面板中选择"中间调"选项，然后输入颜色值为 +25、0、+47，平衡中间调部分的图像颜色，还原自然的包包颜色。

06 单击"调整"面板中的"曲线"按钮，新建"曲线"调整图层，打开"属性"面板，在面板中间位置单击，添加一个曲线控制点，向上拖曳该曲线点，提高中间调部分的亮度，然后在曲线右上角再添加并拖曳曲线点进一步提亮图像。

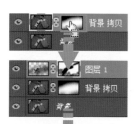

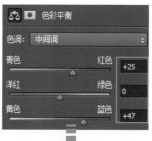

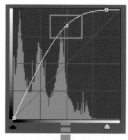

（技巧）**用渐变工具调整锐化范围**

使用滤镜锐化图像时并非对整个图像都进行锐化，在大多数情况下，我们只需要对画面中的主体进行锐化即可。如果只对图像中局部区域进行锐化，就需要结合工具箱中的工具和图层蒙版编辑锐化的范围。为了让锐化的图像与不需要锐化的图像实现自然的过渡，最好的方法就是运用工具箱中"渐变工具"来编辑图层蒙版。单击蒙版缩览图后，选择"渐变工具"，然后在图像上拖曳，即可在蒙版上创建渐变效果，其中黑色部分为隐藏区域，灰色部分为半透明区域，白色部分则为显示区域。

6.4 商品照片的快速模糊处理

在拍摄商品时，往往会在要表现的主体对象旁边放置一些陪体，在后期处理时，可以应用"高斯模糊"滤镜对这些陪体进行模糊，以突出画面中的主体商品，也能使画面变得更有层次感。使用"高斯模糊"滤镜模糊图像时，可根据不同的图像自由调整其模糊程度。

■ 应用要点——"高斯模糊"滤镜

"高斯模糊"滤镜可根据数值快速地模糊图像，产生很好的朦胧效果，它的工作原理是根据高斯曲线调整像素色值，有选择地模糊图像。

打开一幅图像，选取需要模糊的图像区域，执行"滤镜 > 模糊 > 高斯模糊"菜单命令，打开"高斯模糊"对话框，在对话框中设置"半径"选项，单击"确定"按钮，就可以应用输入数值，模糊选区中的图像，如右图所示。

示例 虚实结合呈现更精致的项链

效果图

素　材　随书资源包 \ 素材 \06\04.jpg

源文件　随书资源包 \ 源文件 \06\ 虚实结合呈现更精致的项链 .psd

原 图

01 打开素材文件，按下快捷键 Ctrl+Alt+2，载入高光选区，单击"调整"面板中的"色阶"按钮，新建"色阶 1"调整图层，打开"属性"面板，在面板中黑色、灰色和白色滑块分别拖曳至 8、1.30、203 位置，提亮图像，增强对比。

02 按下快捷键 Ctrl+Shift+Alt+E，盖印图层，得到"图层 1"图层，执行"滤镜 > 模糊 > 高斯模糊"菜单命令，打开"高斯模糊"对话框，在对话框中设置"半径"为 6.8 像素，单击"确定"按钮，根据设置的参数值，模糊图像，再按下快捷键 Ctrl+F，再一次模糊图像。

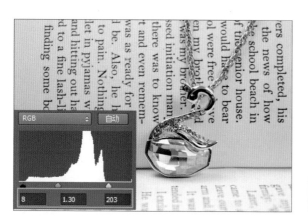

03 选中"图层 1"图层，单击"图层"面板中的"添加图层蒙版"按钮，为"图层 1"图层添加蒙版，选择"渐变工具"，从图像中间位置向边缘位置拖曳径向渐变，再选择"画笔工具"，设置前景色为黑色，在照片中的商品图像位置涂抹，还原清晰的图像。

04 按下快捷键 Ctrl+Shift+Alt+E，盖印图层，在"图层"面板中得到"图层 2"图层，按下 Ctrl 键不放，单击"图层"面板中的"图层 1"蒙版缩览图，将蒙版作为选区载入，选中"图层 2"图层，执行"选择 > 反向"菜单命令，反选选区。

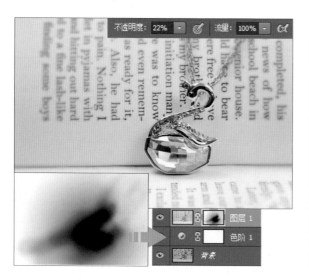

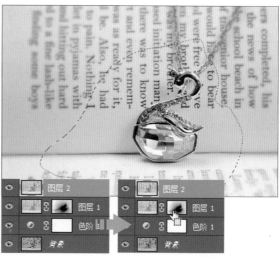

技巧 重复滤镜加强景深

　　应用滤镜锐化图像时，如果锐化后的图像效果不明显，那么可以在图像中重复应用该滤镜。选择要再次应用滤镜的图层对象后，按下快捷键 Ctrl+F，即可再次应用相同的滤镜选项，对图像进行锐化，如果需要重新调整参数并锐化，则可以按下快捷键 Ctrl+Alt+F，打开"相应"的滤镜对话框，在对话框中设置参数后，单击"确定"按钮，应用滤镜编辑图像。

05 在"图层"面板中选中"图层 2"图层，按下快捷键 Ctrl+J，复制选区内的图像，将画面中的商品对象抠取出来。

06 执行"滤镜 > 锐化 >USM 锐化"菜单命令，打开"USM 锐化"对话框，在对话框中设置"数量"为 **55%**，"半径"为 4.0 像素，设置后单击"确定"按钮，锐化商品部分。

07 新建"色相 / 饱和度 1"调整图层，设置"饱和度"为 **+39**，增强坠子部分的颜色饱和度，单击"调整"面板中的"色阶"按钮，新建"色阶 2"调整图层，并在"属性"面板中设置色阶值为 0、0.93、226，调整图像，加强对比效果。

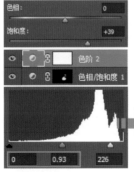

116 Photoshop CC商品照片精修与网店美工实战手册

6.5 模拟镜头模糊效果

对商品进行拍摄时，可以借助一些相机镜头创建特殊的模糊效果。在商品照片后期处理过程中，可以应用"镜头模糊"滤镜对清晰的照片进行模糊处理，模拟出各类不同形状的镜头模糊效果。此外，在"镜头模糊"滤镜下，可以对指定蒙版应用镜头模糊效果，使得到的图像效果与相机镜头拍摄出的效果更接近。

■ 应用要点——"镜头模糊"滤镜

"镜头模糊"滤镜可以向图像添加模糊以产生更窄的景深效果，以便使图像中的一些对象在焦点内，而使焦点外的区域变得模糊。使用"镜头模糊"滤镜模糊图像时，可以对模糊对象的光圈形状先做调整，再根据选择的光圈类型，对图像模糊的强度进行更改，从而获得理想的模糊图像效果。

打开一张商品照片，执行"滤镜 > 模糊 > 镜头模糊"菜单命令，可打开"镜头模糊"对话框，对话框右侧单击"形状"下拉按钮，在展开的下拉列表中选择模糊的形状，然后根据需要模糊的效果，调整下方的各项参数，设置好以后单击"确定"按钮，就可以对打开的图像进行模糊处理，如下图所示。

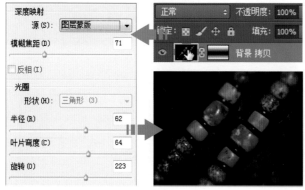

"镜头模糊"滤镜不但可以用于全图的模糊处理，也可对于蒙版中的图像进行模糊处理。如左图所示，打开图像后，复制图像，然后为复制的图层添加图层蒙版，执行"滤镜 > 模糊 > 镜头模糊"菜单命令，打开"镜头模糊"对话框，在"源"下拉列表中选择"图层蒙版"选项，单击"确定"按钮，返回图像窗口，可以看到仅对蒙版中显示的图像应用了模糊滤镜。

示例　模糊图像添加逼真的浅景深效果

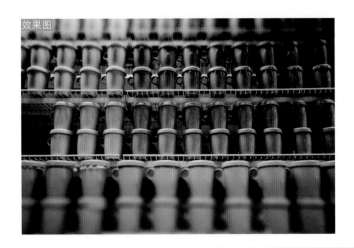
效果图

素材　随书资源包\素材\06\05.jpg
源文件　随书资源包\源文件\06\模糊图像添加
逼真的浅景深效果.psd

原图

01 打开素材文件，在"图层"面板中选择"背景"图层，复制该图层，得到"背景拷贝"图层，单击工具箱中的"以快速蒙版模式编辑"按钮，进入快速蒙版编辑状态，选择"渐变工具"，单击"对称渐变"按钮，从图像中间向下方拖曳渐变效果。

02 当拖曳至一定位置后，释放鼠标，并显示应用"渐变工具"编辑后的图像，单击工具箱中的"以标准模式编辑"按钮或按下键盘中的 **Q** 键，退出快速蒙版编辑状态，并在图像中创建选区。

技巧　调整蒙版选项控制模糊效果

　　使用"快速蒙版"编辑图像时，可以对快速蒙版进行色彩和指示范围的调整。双击工具箱中的"以快速蒙版模式编辑"按钮，将打开"快速蒙版选项"对话框，在对话框中单击"色彩指示"下方的单选按钮，指定在使用快速蒙版时蒙版色彩的指示范围，在"颜色"下方单击颜色块，可打开"拾色器（快速蒙版颜色）"对话框，在对话框中可设置蒙版的颜色。

03 按下 Alt 键不放，单击"背景拷贝"图层蒙版缩览图，显示蒙版，选择工具箱中的"矩形选框工具"，单击选项栏中的"添加到选区"按钮，在图像顶部和底部单击并拖曳，绘制选区。

04 执行"选择 > 修改 > 羽化"菜单命令，打开"羽化选区"对话框，在对话框中输入"羽化半径"为 150 像素，设置后单击"确定"按钮，羽化创建的矩形选区。

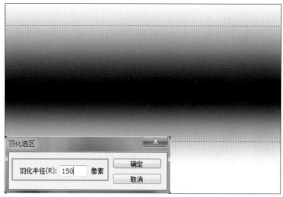

05 单击"图层"面板中的"背景拷贝"图层缩览图，执行"滤镜 > 模糊 > 镜头模糊"菜单命令，打开"镜头模糊"对话框，在对话框中选择源为"图层蒙版"，然后调整下方的模糊选项，设置后单击"确定"按钮。

06 按下快捷键 Ctrl+Shift+Alt+E，盖印图层，在"图层"面板中得到"图层 1"图层，选中"图层 1"图层，将此图层的混合模式更改为"柔光"，增强对比效果。

6.6 设定逼真光圈模糊

在拍摄商品时，对数码相机设置不同的光圈值，可以获得不同景深效果的图像。对于拍摄到的清晰的图像，在后期处理时，为了突出画面中的主体商品，也可以使用 Photoshop 中的"光圈模糊"滤镜设置模糊的焦点以及模糊范围，模拟出更自然的大光圈拍摄效果。

专家提点：用大光圈虚化背景

在繁杂的背景中要表现单一商品主体时，通常需要选择使用大光圈将背景虚化处理，以突出被摄的主体对象。除此之外，使用大光圈拍摄还能避免出现过于杂乱的背景，使画面更简洁、干净。

■ 应用要点——"光圈模糊"滤镜

"光圈模糊"滤镜是 Photoshop CC 中的一个全新的滤镜功能，顾名思义就是用类似于相机的镜头来对画面进行对焦，焦点周围的图像会根据设置进行相应的模糊处理，从而模拟出大光圈大镜头拍摄的虚化效果。在 Photoshop 中打开一张素材图像，执行"滤镜 > 模糊画廊 > 光圈模糊"菜单命令，打开模糊画廊，在图像预览区

域会看到图像的中心位置显示出一个小圆环，如下图所示，它主要用于确定图像的焦点位置，用户可以根据具体情况，调整其位置。同时，也可以拖曳外侧圆形的形状和大小，确认要模糊的图像范围。

使用"光圈模糊"滤镜模糊图像时，不但可以对模糊范围和模糊强度进行调整，还可以利用模糊画廊下的"模糊效果"面板为模糊的图像添加逼真的光斑效果。如右图所示，将"模糊"设置为 25 像素，然后在"模糊效果"面板中勾选"散景"复选框，设置"光源散景"为 62%，"散景颜色"为 74%，"光照范围"分别为 197、198，设置后在图像预览窗口可查看到添加光斑后的效果。

示例 用"光圈模糊"滤镜模糊图像突出主体

素 材 随书资源包 \ 素材 \06\06.jpg

源文件 随书资源包 \ 源文件 \06\ 用"光圈模糊"滤镜模糊
图像突出主体 .psd

01 打开素材文件，复制"背景"图层，得到"背景拷贝"图层，执行"滤镜 > 模糊画廊 > 光圈模糊"菜单命令，打开模糊画廊。

02 单击选中图像预览窗口中的椭圆中点位置，并拖曳鼠标，将模糊的焦点移至画面的右下角位置，再将鼠标移至椭圆的右侧边框线位置，当光标转换为折线箭头时，单击并拖曳鼠标，旋转其角度。

03 在模糊画廊右侧的"模糊工具"面板中将"模糊"滑块拖曳至 16 像素的位置,设置后可以看到光圈以外的图像变得模糊,单击右上角的"确定"按钮。

04 单击"调整"面板中的"色彩平衡 1"按钮，新建"色彩平衡"调整图层,并在"属性"面板中选择"中间调"选项,输入颜色值为 +44、-1、-18,平衡画面色彩,加深红色。

05 新建"色阶 1"调整图层,打开"属性"面板,在面板中输入色阶值为 6、1.10、243,调整图像增强对比效果。

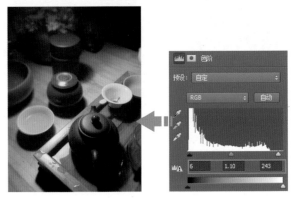

技巧02 **多区域的模糊处理**

应用"光圈模糊"滤镜对图像进行模糊处理时,除了可以对画面中同一区域中的图像进行不同程度的模糊外,还可以选择不同的焦点,创建多个区域的模糊设置。在已有焦点的图像中,运用鼠标在画面中需要添加焦点的位置单击,就可以创建另一个模糊的中心点。此时,用户可以设置新的参数,调整图像的模糊效果。

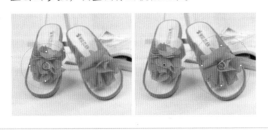

技巧01 **调整模糊的范围**

在模糊画廊中,将鼠标置于圆环上的白色小圆,当光标转换为折线箭头时,单击并拖曳,可以更改圆环的角度,调整模糊的图像范围。

6.7 用装饰元素丰富画面

将商品色彩、清晰度处理好以后，为了更好地向消费者介绍产品的特征及用途等，接下来可以在照片中添加一些简单图形和文字说明信息。在 Photoshop 中，运用"自定形状工具"可以为图像添加各种自定义的图案，运用文字工具可以在画面中进行文字的添加。

■ 1. 应用要点——自定形状工具

"自定形状工具"提供了多种图形供用户选择，也可以从外界载入图形。选择"自定形状工具"后，在选项栏中选择"图形"绘制模式以及所绘制图像的填充颜色及描边颜色等。

打开素材图像，单击工具箱中的"自定形状工具"按钮，单击"形状"右侧的下拉按钮，在展开的面板中单击选择"会话 2"形状，然后在画面中单击并拖曳，就可以绘制出简单的图形效果，如右图所示。

■ 2. 应用要点——文字工具

为了增加宣传效果，往往需要在商品照片中添加合适的文字。通过丰富多样的文字更有利于消费者了解商品所要表现的重要信息和主旨。Photoshop 中提供了强大的文字编辑功能，能够制作出各类艺术化的文字效果。文字工具包括了"横排文字工具""直排文字工具""横排文字蒙版工具""直排文字蒙版工具"，使用这些文字工具并结合"字符""段落"面板，对文字进行编辑，可以让输入的文字更加多元化。

单击工具箱中的"横排文字工具"按钮，在图像中单击并输入文字，并根据版面需要，在"字符"面板中对文字的大小和颜色进行设置，可看到添加文字后，整个作品的表现力更为强烈，如左图所示。

示例　添加文字丰富商品信息

效果图

素材　随书资源包 \ 素材 \06\07.jpg

源文件　随书资源包 \ 源文件 \06\ 添加文字
丰富商品信息 .psd

原图

01 打开素材文件，单击"钢笔工具"按钮，沿照片中的鞋子边缘绘制工作路径，按下快捷键 **Ctrl+Enter**，将绘制的路径转换为选区。

02 执行"选择 > 反向"菜单命令，或按下快捷键 **Ctrl+Shift+I**，反选选区，单击"调整"面板中的"色阶"按钮，新建"色阶 1"调整图层，打开"属性"面板，在面板中输入色阶值为 0、1.20、239，提亮选区内的图像。

03 新建"自然饱和度 1"调整图层，输入"自然饱和度"为 +47，提高饱和度，再新建"色阶"调整图层，输入色阶值为 0、1.29、255，提高中间调部分的图像亮度。

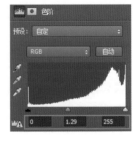

04 选择工具箱中的"矩形工具"，在选项栏中设置绘制模式为"形状"，再调整填充颜色和描边颜色，沿照片边缘单击并拖曳，绘制一个比原图像稍大一点的矩形，再单击"路径操作"按钮 ◻，在打开的列表中单击"减去顶层形状"选项，继续在绘制的矩形内部单击并拖曳鼠标，绘制矩形，得到矩形边框效果。

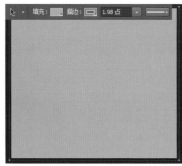

05 单击工具箱中的"自定形状工具"按钮 ◻，然后在选项栏中的"形状"拾色器下单击选择"回形针"形状，并在图像右上角单击并拖曳鼠标，绘制图案，按下快捷键 Ctrl+T，旋转绘制的图案。

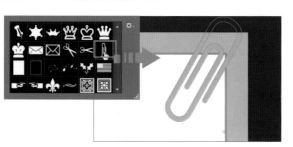

06 为"形状 1"图层添加图层蒙版，设置前景色为黑色，在多余图形位置单击，隐藏图像，双击"形状 1"图层，打开"图层样式"对话框，在对话框中勾选"投影"样式，再设置选项，为图形添加投影。

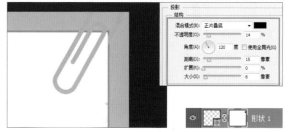
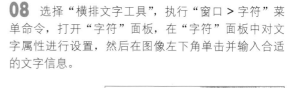

07 继续在"图层样式"对话框中进行选项的设置，勾选"斜面和浮雕"样式，然后在对话框右侧对斜面和浮雕的选项进行设置，设置后单击"确定"按钮，关闭"图层样式"对话框，对图像应用设置的样式。

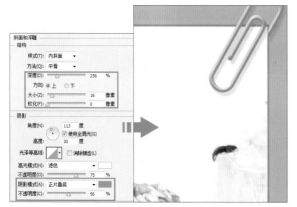

08 选择"横排文字工具"，执行"窗口 > 字符"菜单命令，打开"字符"面板，在"字符"面板中对文字属性进行设置，然后在图像左下角单击并输入合适的文字信息。

09 选择"横排文字工具"，在输入的文字上单击并拖曳，将文字"妙"选中，打开"字符"面板，单击颜色块，在打开的"拾色器（文本颜色）"对话框中，将文字颜色设置为R169、G42、B53，单击"确定"按钮，返回"字符"面板，更改文本颜色，并在图像窗口中查看设置后的效果。

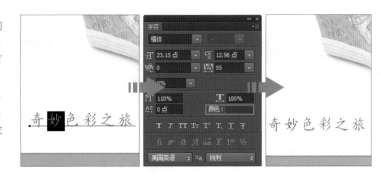

10 继续使用"横排文字工具"对其他的文字进行调整，并输入更多的文字效果，设置前景色为R248、G143、B90，再选择"自定形状工具"，单击"形状"拾色器中的"会话12"形状，在文字下方绘制图形。

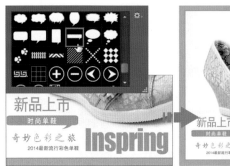

技巧 用"字符"面板调整商品中的文字信息

　　运用文字工具在图像中输入文字以后，通常需要应用"字符"面板对输入的文字的大小和颜色等选项进行设置。执行"窗口>字符"菜单命令，打开"字符"面板，在面板中显示了字体、样式、大小、间距等信息。如果需要对单个文字或字母进行调整，首先要使用文字工具在输入的文字上单击并拖曳，选中要更改的文字，选中后的文字为反向显示状态，然后在"字符"面板中进行设置，在图像窗口中即可查看设置的文字效果。

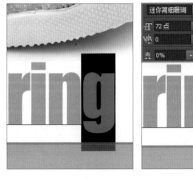

第7章 网店首页——给顾客带来信心与惊喜

　　网店装修,主要包含网店首页的装修和单个商品页面的装修,其中网店的首页就好像实体店铺中的店招、导购人员、店面装饰与活动招贴等,它能够最直接地展示出店铺的特点与风格。网店的首页主要包括了店招、导航、欢迎模块、客服和收藏区,这些元素是组成网店首页的基础元素,它们各自有着不同的作用和设计内容。本章将对网店首页中的各个设计元素进行逐一讲解,让首页给顾客带来更多的信心与惊喜。

本章重点

● 店招

● 导航

● 欢迎模块

● 客服

● 收藏

7.1 招牌——店招与导航

店招与导航位于网店首页的最顶端，它们的作用主要是为顾客呈现出该网店的招牌，也就好像实体店中的店铺招牌一样，但是两者之间也存在一定的区别。本节将详细讲解店招与导航的制作规范和技巧。

7.1.1 设计要点

店招就是网店的招牌，从网店商品的品牌推广来看，想要让店招便于记忆，店招的设计就需要具备新颖、易于辨识、易于传播等特点。设计成功的店招必须有标准的颜色和字体、简洁的版面。此外，店招中需要有一句能够吸引顾客的广告语，画面还需要具备强烈的视觉冲击力，清晰地告诉顾客你在卖什么。通过店招也可以对店铺的装修风格进行定位。

为了让店招有特点且便于记忆，在设计的过程中一般都会采用简短醒目的广告语辅助店铺徽标的表现，通过适当的配图来增强店铺的认知度。店招所包含的主要内容如下图所示。

为了让店招呈现出简洁、清爽的视觉效果，并不会将上图所有的信息都添加到店招中，而是选择一些较为重要的内容放置其中，如下图所示为某灯具店铺的店招内容。

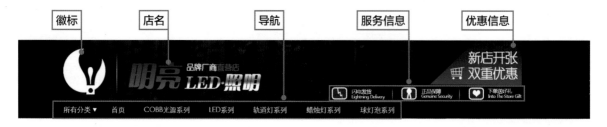

导航是依附在店招下方的一条细长的矩形，它主要是对商品和服务进行分类，设计时应当使其外观和色彩与店招协调搭配。在设计导航的过程中，要注意导航中信息的处理，应简明扼要、整齐简洁，让顾客能够直观地感受到店铺商品的分类，起到良好的引导作用。有的时候为了让导航中的信息更具象化，可以为导航中的每组信息添加形象的图标来进行表现，使导航更具设计感。

7.1.2 灯具网店店招与导航设计

本案例是为某品牌的灯具店铺设计的店招与导航。为了突显店招与导航的意境，设计中把灯具图像作为背景，通过明暗的对比来增强画面的层次，并利用"渐变叠加"样式来丰富店招文字的色彩表现，使其呈现出一定的光泽感，与店铺所销售的商品性质相符。接下来就让我们一起学习具体的制作方法。

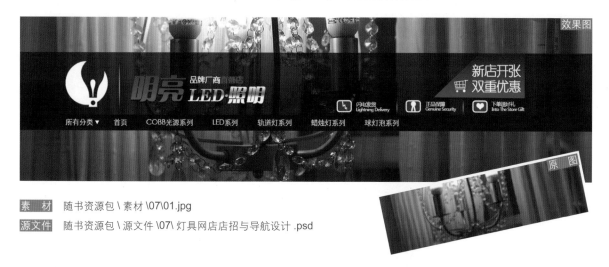

素 材	随书资源包 \ 素材 \07\01.jpg
源文件	随书资源包 \ 源文件 \07\ 灯具网店店招与导航设计 .psd

■ 1. 设计要点分析

本案例是为灯具店铺设计店招与导航，鉴于灯具的功能是照明，在设计中我们选择灯具图片作为背景，通过明暗对比来让店招中的元素突显出来。将该灯具店铺的徽标放在店招的最左侧，紧接着放店铺的名称，让店招的主要内容更加显眼。此外，还通过添加优惠活动和服务信息来丰富店招的内容，让顾客了解到更多的店铺动态。

■ 2. 文字配色分析

灯具的作用就是照明，找一张灯光素材，在其中发现灯光表现出渐变的色彩。参考这张灯光素材，在对标题文字进行配色的过程中，使用黑白色的线性渐变来填充文字，让文字的表现符合商品的特点。

■ 3. 整体配色分析

画面整体的配色以暖色调为主，因为灯光除了照明以外，还经常被赋予一种温暖的、家的感觉，暖色调的画面能够让这种氛围更加浓烈。而适当地使用黑色作为背景，可以让色彩之间形成强烈的反差，便于突出主体。

■ 4．案例步骤解析

01 启动 Photoshop CC 应用程序，新建一个文档，为背景填充上所需的颜色，将灯具素材 **01.jpg** 添加到文件中，设置其混合模式为"线性减淡（添加）"。

02 创建"色彩平衡 1"和"色阶 1"调整图层，分别在相应的"属性"面板中对参数进行设置，对画面的色彩和层次进行调整，在图像窗口中可以看到编辑后的效果。

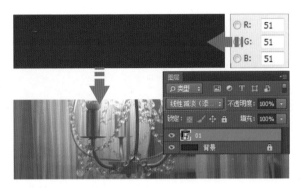 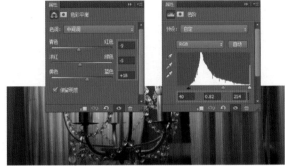

03 选择工具箱中的"矩形工具"，在图像窗口中绘制一个矩形，填充上 **R51**、**G51**、**B51** 的颜色，无描边色，接着在"图层"面板中设置其混合模式为"正片叠底"，在图像窗口中可以看到编辑后的效果。

04 选择"横排文字工具"，在适当的位置单击，输入"明亮"，接着打开"字符"面板，对文字的属性进行设置，并使用"渐变叠加"和"投影"样式对文字的外观进行修饰。

05 使用"横排文字工具"添加上所需的其他文字，设置好每组文字的字体、颜色和字号等属性，应用"渐变叠加"和"投影"样式对部分文字的外观进行修饰，在图像窗口中可以看到编辑后的效果。

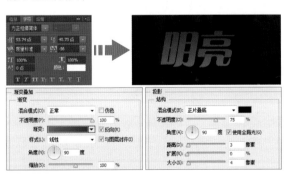 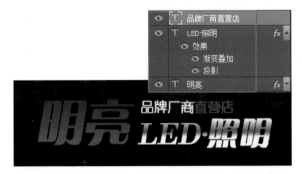

06 使用"矩形工具"绘制一个白色的矩形条，接着为该图层添加上图层蒙版，使用"渐变工具"对该图层蒙版填充径向渐变，让矩形条呈现出渐隐渐现的视觉效果。

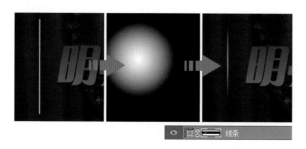

07 选择工具箱中的"钢笔工具"，配合使用"删除锚点工具""添加锚点工具"和"转换点工具"等路径编辑工具，绘制出徽标，为绘制的徽标填充上白色，无描边色，放在适当的位置。

08 使用"圆角矩形工具"绘制圆角矩形,使用"描边"和"投影"样式对绘制的圆角矩形进行修饰，接着对其进行复制，再使用"自定形状工具"绘制出所需的形状，并按照一定的位置进行排列，在图像窗口中可以看到编辑后的效果。

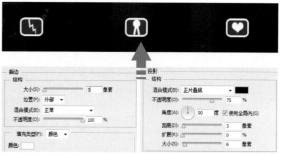

09 选择"横排文字工具"，在适当的位置单击，输入所需的文字，打开"字符"面板，对文字的字体、字号、颜色等属性进行设置。接着对前面绘制的渐隐渐现的线条进行复制，适当调整线条的大小，放在每组信息的中间，在图像窗口中可以看到编辑后的效果。

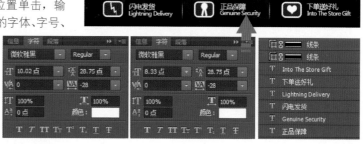

💡**专家提点：不支持文字图层的颜色模式**

在多通道、位图或索引颜色模式的图像中不能创建文字图层，因为这些模式不支持图层。在这些模式中，文字将以栅格化的形式出现在背景上。

10 使用"矩形工具"绘制出矩形，填充黑色，无描边色，作为导航的背景。接着使用"横排文字工具"在矩形中适当的位置单击，添加导航上的文字，打开"字符"面板对文字的属性进行设置，并使用"钢笔工具"绘制出三角形，在图像窗口中可以看到编辑后的导航效果。

11 选择"钢笔工具"绘制出梯形的形状，双击绘制的形状图层，在打开的"图层样式"对话框中勾选"投影"和"渐变叠加"复选框，使用这两个样式对梯形进行修饰。

12 选择"横排文字工具"，在适当的位置单击，输入"新店开张双重优惠"的字样，打开"字符"面板对文字的属性进行设置，并打开"段落"面板设置文字的对齐方式，在图像窗口可以看到编辑效果。

13 选择工具箱中的"自定形状工具"，在该工具选项栏中选择"购物车"形状并绘制在适当位置，使用白色对其进行填充，无描边色，在图像窗口中可以看到编辑后的效果。完成本案例的制作。

7.1.3 宠物商品店招与导航设计

　　本案例是为某品牌的宠物用品店铺制作的店招和导航，画面中使用了多种宠物狗的卡通形象来作为装饰，并将导航的外观制作成骨头的形状，增添了画面的趣味性和设计感，同时可爱的手写字体与整个画面的风格一致，青翠的草地更带来一种自然、健康的感觉。

素　材　随书资源包 \ 素材 \07\02.ai、03.jpg
源文件　随书资源包 \ 源文件 \07\ 宠物商品店招与导航设计 .psd

■ 1. 设计要点分析

　　案例是为宠物商品店设计的店招与导航，在设计之前，先收集与宠物狗相关的元素，即骨头与狗爪印，将这两个元素进行巧妙的设计，应用到店铺徽标和导航中，使店招和导航呈现出可爱、萌动的感觉，增强顾客的购买欲，同时提升店铺的形象。

■ 2. 配色分析

　　宠物狗给人的感觉都是可爱、温顺的，为了让店招和导航呈现出俏皮、亲切的感觉，在设计中使用了明度和纯度较高的色彩，给人一种活泼、明快的感觉，也让画面中宠物、骨头和草地等设计元素的色彩相互协调，形成统一的视觉效果。

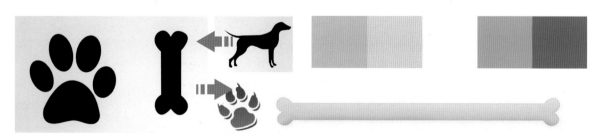

■ 3．案例步骤解析

01 启动 Photoshop CC 应用程序，新建一个文档，双击前景色色块，在打开的对话框中设置前景色为 R253、G253、B234，按下快捷键 Alt+Delete，将图像窗口填充上前景色，在图像窗口中可以看到编辑后的效果。

02 选择"钢笔工具"绘制出骨头的形状，作为导航的背景，接着使用"描边""投影"和"内发光"样式对其进行修饰，并在相应的选项卡中对参数进行设置，在图像窗口中可以看到编辑后的效果。

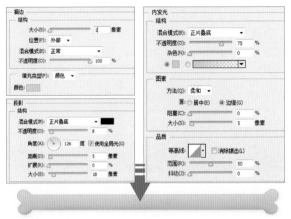

03 选择工具箱中的"横排文字工具"，输入导航中所需的文字，打开"字符"面板对文字的属性进行设置，并使用"描边"样式对文字的外观进行修饰，在图像窗口中可以看到编辑后的效果。

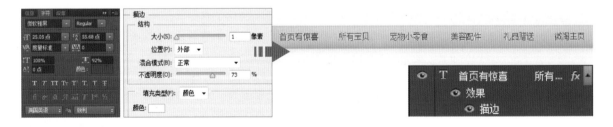

04 使用"矩形工具"绘制出导航中文字之间所需的线条，接着使用"投影"样式对线条的外观进行修饰，并在相应的选项卡中对选项的参数进行设置，在图像窗口中可以看到编辑后的效果。完成导航的制作。

05 选择工具箱中的"横排文字工具",输入网店的店名,打开"字符"面板对文字的字体、字号、字间距等属性进行设置,并使用"渐变叠加""描边"和"投影"样式对文字的外观进行修饰,在相应的选项卡中对选项的参数进行设置,在图像窗口中可以看到编辑后的效果。

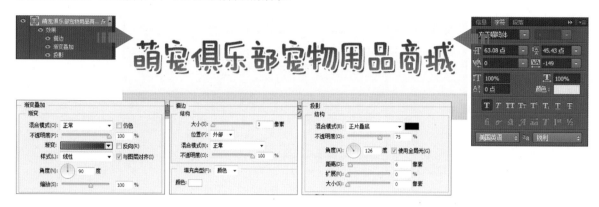

06 选择工具箱中的"自定形状工具",在其选项栏中选择"爪印(狗)"形状并绘制在适当位置,接着在"图层"面板中右键单击店招文字,在弹出的菜单中选择"拷贝图层样式"命令,然后选中"爪子"形状图层,在右键菜单中选择"粘贴图层样式"命令,在图像窗口中可以看到爪子的外形与店招文字的外形一致。

07 按下快捷键 Ctrl+J,对编辑后的"爪子"形状图层进行复制,接着按下快捷键 Ctrl+T,此时在爪子的边缘显示出自由变换框,对变换框的大小和角度进行调整,完成编辑后选择"移动工具",在弹出的对话框中单击"应用"按钮,在图像窗口中可以看到编辑后的效果。

08 执行"文件>置入"菜单命令,在打开的对话框中选择矢量素材文件 **02.ai**,在弹出的"置入 PDF"对话框中单击"确定"按钮,将狗狗卡通图案添加到文件中,适当调整图像变换框的大小,放在适当的位置,按下 **Enter** 键确认,在图像窗口中可以看到编辑后的效果。

09 将草地图像素材 **03.jpg** 添加到文件中,适当调整图像的大小,放在画面的底部,使其铺满画面底部,在图像窗口中可以看到编辑后的结果。

10 在"图层"面板中设置"草"图层的混合模式为"正片叠底",在图像窗口中可以看到素材中白色的部分消失了。

11 按下快捷键 **Ctrl+J**,对编辑的"草"图层进行复制,接着在"图层"面板中设置该图层的"不透明度"为 **50%**,在图像窗口中可以看到编辑后的效果,完成本案例的制作。

技巧 使用"不透明度"控制图层不透明效果

　　图层的整体"不透明度"用于确定它遮蔽或显示其下方图层的程度,"不透明度"为 1% 的图层看起来几乎是透明的,而"不透明度"为 100% 的图层则显得完全不透明。

7.2 动态——欢迎模块

欢迎模块在网店首页中所占的面积较大，相当于实体店铺中的海报或招贴，主要将店铺中的最新商品动态或者活动内容放置在其中，每个网店的首页至少需要设计一个欢迎模块。如果店家在首页中添加了"图片轮播"，那么欢迎模块的数量就要与轮播的数量相同，接下来就让我们一起学习欢迎模块的设计要点和制作方法。

7.2.1 设计要点

欢迎模块在网店中属于自定义页面，它的宽度基本上限制在 950 像素以内，而高度不限。在某些时候因为设计内容的需要，可能会将欢迎模块与网店背景联系起来，如右图所示。但是如果为不同的网商平台设计欢迎模块，如淘宝、京东等，或者使用不同的网店装饰版本，其尺寸的要求也是有差异的。

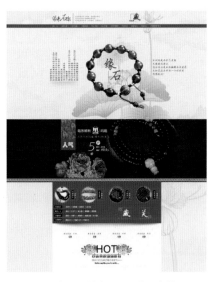

欢迎模块可以将店铺的活动内容罗列出来，也可以将新上架的商品展示出来，由于其涉及的内容较广，因此，在设计之前，要先确定设计的重点，搞清楚欢迎模块在某个时间范围内的作用。如果是为新品上架进行宣传，那么设计的内容就以新商品的形象为主；如果是为某个节日策划的活动，如圣诞、中秋，那么设计的内容就应该符合节日的气氛。如下列两图所示为以不同的设计内容为主题制作的欢迎模块。

在确定设计的内容之后，我们需要考虑清楚设计的目的是什么，是给哪部分人群看的，有针对性地做出文案描述。接下来便是思考如何设计欢迎模块中的图片。进行设计时，商品的清晰展示是尤为重要的。此外，背景色和商品的颜色不要雷同，要突显出两者之间的差异，打造差异化和个性，这样容易得到顾客的认同。最后一点，要有明确的风格和格调，我们要考虑画面是什么格调和气氛，设计风格不仅仅是指色彩的搭配、图片的应用，还包括模特的选择、文字的设计。

以新品上架为主题

以节日为主题

本案例是为某品牌的剃须刀设计的新品上架欢迎模块，制作中将水的图像素材与剃须刀融合在一起，使用蓝色的背景让商品与背景之间产生强烈的色彩反差，利用边缘硬朗的艺术化文字作为标题，表现出男士刚毅、坚强的性格特点，整个画面色彩协调、重点突出，具有很强的视觉冲击力。

素　材　随书资源包 \ 素材 \07\04.jpg ～ 06.jpg、07.psd
源文件　随书资源包 \ 源文件 \07\ 新品上架欢迎模块设计 .psd

■ 1. 设计要点分析

由于本案例是为可以全身水洗的剃须刀设计的新品上架欢迎模块，在设计中抓住"可水洗"这个关键词，将剃须刀与水融合在一起，重点突出剃须刀的防水性能，让顾客一眼就能够理解剃须刀的特点，设计直观且富有视觉冲击力。

■ 2. 配色分析

由于模块中将水与剃须刀融合在一起，而且剃须刀的色彩为金属色。因此，选择蓝色作为画面的主色调最为合适，能够让商品与主色调形成强烈的反差，突显商品的形象。

■ 3．案例步骤解析

01 启动 Photoshop CC 应用程序，新建一个文档，将背景素材 04.jpg 添加到文件中，适当调整素材的大小，使其铺满整个画布。

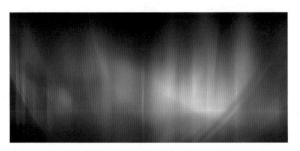

02 将剃须刀图像 05.jpg 拖曳到文件中，得到一个智能对象图层，适当调整图像的大小，将其放在画面的右侧，在图像窗口可以看到编辑的效果。

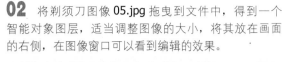

03 选择工具箱中的"钢笔工具"，沿着剃须刀的边缘创建闭合路径，打开"路径"面板，单击"将路径作为选区载入"按钮，把路径转换为选区。

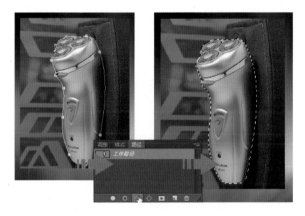

04 将创建的路径转换为选区后，单击"图层"面板下方的"添加图层蒙版"按钮，为放置剃须刀的图层添加上图层蒙版，将剃须刀图像抠取出来，在图像窗口中可以看到抠取的效果。

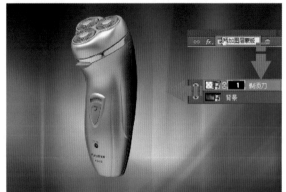

05 参考前面对剃须刀的编辑方法，将剃须刀正面照片 06.jpg 添加到文件中。再次使用"钢笔工具"创建路径，将路径转换为选区，利用选区创建图层蒙版，将剃须刀抠取出来，在图像窗口中可以看到编辑的效果。

06 按住 Ctrl+Shift 键的同时依次单击两个剃须刀图层中的图层蒙版缩览图，将两个剃须刀均添加到选区中，为创建的选区创建"黑白 1"调整图层，打开"属性"面板对各个选项的参数进行设置。

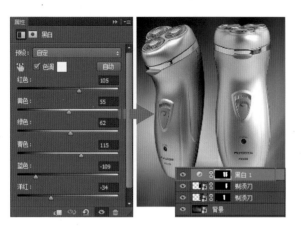

07 再次将两个剃须刀添加到选区中，为选区创建"色阶"调整图层，在打开的"属性"面板中对 RGB 选项下的色阶值进行设置，接着使用黑色的"画笔工具"对图层蒙版进行编辑，调整特定的图像区域。

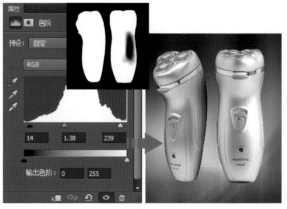

08 隐藏背景图层，只显示出剃须刀和相关的调整图层，按下快捷键 Ctrl+Shift+Alt+E，盖印可见图层，得到"图层 1"，将其转换为智能对象图层，执行"滤镜>锐化> USM 锐化"菜单命令，锐化其细节。

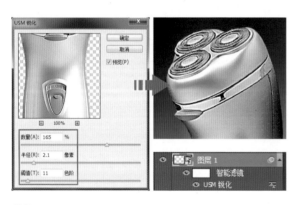

09 再次盖印可见图层，得到"图层 2"，将其转换为智能对象图层，执行"滤镜>模糊>高斯模糊"菜单命令，设置"半径"为 3.6 像素，并对其蒙版进行编辑，模糊特定的图像区域。

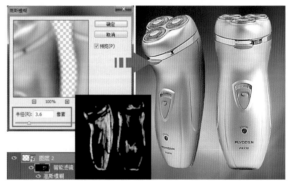

10 按下快捷键 Ctrl+Shift+Alt+E，盖印可见图层，并将得到的图层命名为"投影"，按下快捷键 Ctrl+T，对其进行垂直翻转操作，使用"渐变工具"对其图层蒙版进行编辑，制作出商品的倒影效果。

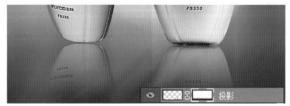

11 将水的图像 **07.psd** 添加到图像窗口中，适当调整素材的大小，使其铺满整个画面，在"图层"面板中设置图层的混合模式为"强光"，在图像窗口中可以看到编辑后的效果。

12 按住 **Ctrl** 键的同时单击"水"图层的缩览图，载入选区，为选区创建"色阶"调整图层，在打开的"属性"面板中设置 RGB 选项下的色阶值分别为 21、0.51、245，对水的层次进行增强。

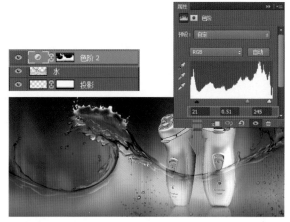

13 使用"钢笔工具"绘制路径，制作出标题文字和修饰所需的形状，接着用"横排文字工具"在画面中输入所需的文字，并通过使用"图层样式"中的"投影"来增强文字的层次感，在图像窗口中可以看到编辑后的效果。

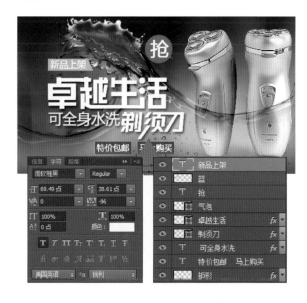

14 按下快捷键 **Ctrl+Shift+Alt+E**，盖印可见图层，得到"图层 3"，将该图层转换为智能对象图层，执行"滤镜＞锐化＞ USM 锐化"菜单命令，在打开的对话框中设置参数，再次对画面进行锐化处理，使画面的细节更加清晰，完成本案例的制作。

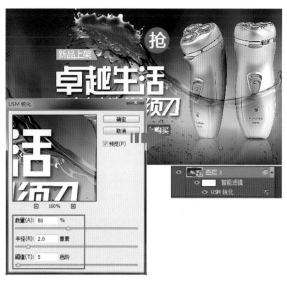

7.2.3 母亲节欢迎模块设计

本案例是为某品牌的化妆品设计的母亲节主题的欢迎模块，制作中用花朵作为背景，通过暗色的花朵营造出一种优雅、甜蜜的感觉，花朵素材和艺术化的标题文字增添了画面的精致感，而多种字体混合在一起的文字信息令活动内容变得更加具有设计感。

素材 随书资源包 \ 素材 \07\08.jpg、09.jpg
源文件 随书资源包 \ 源文件 \07\ 母亲节欢迎模块设计 .psd

■ 1．设计要点分析

本案例的设计主题为母亲节，在设计中用花卉作为背景，表现出女性柔美的特质。艺术化的标题文字让画面具有强烈的设计感，并以花朵作为修饰物摆放在商品的下方，让整个画面传递出浓浓的温情，能够很好地迎合"母亲节"这个活动主题。

■ 2．配色分析

本案例中使用了明度较低的墨绿色作为主色调，在其中用玫红色的文字和花朵对画面进行点缀，表现出强烈的视觉反差，使得主体对象更加突出，进而增强了商品的表现力。

■ 3. 案例步骤解析

01 启动 Photoshop CC 应用程序，新建一个文档，将花朵背景素材 **08.jpg** 添加到文件中，适当调整其大小，放在图像窗口中合适的位置。

02 按下快捷键 **Ctrl+J**，对添加到文件中的花朵素材进行复制，为该图层添加图层蒙版，接着使用黑色到白色的线性渐变对蒙版进行编辑。

03 创建黑色填充图层，接着将前景色设置为黑色，按下快捷键 **Alt+Delete** 将蒙版填充为黑色，然后选择工具箱中的"画笔工具"，在选项栏中对参数进行设置，更改前景色为白色，使用设置好的画笔对蒙版进行编辑，在图像窗口中可以看到编辑后的结果。

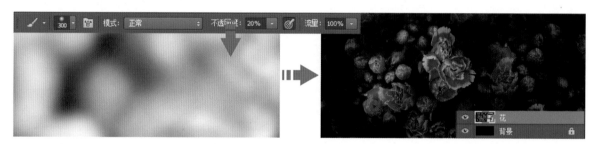

04 创建"色相 / 饱和度 1"调整图层，在打开的"属性"面板中设置"全图"选项下的"色相"选项的参数为 **+12**，"饱和度"选项的参数为 **-25**，对画面的色彩进行调整，在图像窗口中可以看到编辑后的效果。

05 将商品对象素材 **09.jpg** 拖曳到文件中，得到一个智能对象图层，适当调整图像的大小，放在图像窗口中合适的位置。

06 选择工具箱中的"磁性套索工具",沿着瓶子的边缘移动鼠标,将瓶子添加到选区中,接着单击"图层"面板下方的"添加图层蒙版"按钮,为该图层添加图层蒙版,将瓶子抠选出来。

07 选中"瓶"图层,按下快捷键 **Ctrl+J**,对该图层进行复制,按住 **Shift** 键的同时使用"移动工具"对瓶子的位置进行水平移动,在图像窗口中可以看到编辑后的效果。

08 将两个瓶子添加到选区中,为选区创建"色阶 1"调整图层,在打开的"属性"面板中设置 RGB 选项下的色阶值分别为 47、1.71、233,在图像窗口中可以看到瓶子变亮。

09 再次将两个瓶子添加到选区中,为选区创建"选取颜色 1"调整图层,在打开的"属性"面板中选择"颜色"下拉列表中的"黄色",设置该选项下的色阶值分别为 -53、+49、+26、-9,对特定颜色进行调整。

10 将瓶子添加到选区中,为选区创建"色相/饱和度 2"调整图层,在打开的"属性"面板中选择"洋红"选项,设置该选项下的"饱和度"为 +100,提高瓶体花纹的颜色饱和度,在图像窗口中可以看到其色彩更加鲜艳。

11 新建"图层1"图层，在工具箱中设置前景色为 R183、G177、B174，接着选择"画笔工具"，在其选项栏中进行设置，使用该工具在瓶盖上进行涂抹，统一瓶盖的色彩。

12 将瓶子以外的图层隐藏，盖印可见图层后得到"图层2"，适当调整该图层中图像的位置，并进行垂直翻转处理，为该图层添加图层蒙版，使用"渐变工具"对蒙版进行编辑，制作出瓶子的倒影效果。

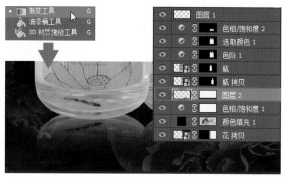

13 显示所有图层，并盖印所有图层，得到"图层3"，将该图层转换为智能对象图层，执行"滤镜＞锐化＞USM锐化"菜单命令，在打开的对话框中设置参数，并对该智能滤镜的蒙版进行编辑，只对瓶子进行锐化处理。

14 选中"花"智能对象图层，按下快捷键Ctrl+J，对该图层进行复制，适当调整图像的大小，使用图层蒙版对其显示范围进行控制，将部分花朵抠取出来，并将图层置顶，再将花朵放在画面中瓶子的下方位置。

15 绘制一个矩形，填充上R5、G37、B38的颜色，将其放在画面的左侧，并在"图层"面板中设置其"填充"选项为95%，在图像窗口中可以看到编辑后的效果。

16 使用"钢笔工具"绘制出"感恩母亲节"的艺术字效果，在这里也可以通过添加素材的方式制作标题文字，接着使用"外发光""描边"和"渐变叠加"图层样式对文字进行修饰，并在相应的选项卡中对参数进行设置，把文字放在矩形的上方。

17 使用"椭圆工具""钢笔工具"和"矩形工具"绘制出所需的箭头和矩形，接着添加上活动的文字信息，适当调整文字的大小、字体等属性，在图像窗口中可以看到编辑后的效果。

18 创建"照片滤镜1"调整图层，在打开的"属性"面板中选择"滤镜"下拉列表中的"蓝"选项，设置该选项下的"浓度"参数为**25%**，在图像窗口中可以看到画面的色彩发生了改变。

19 创建"色彩平衡1"调整图层，在打开的"属性"面板中设置"中间调"选项下的色阶值分别为 -14、-4、+23，对画面的色彩进行细微的调整，在图像窗口中可以看到本案例最终的编辑效果。

7.3 服务——收藏与客服区

在网店的首页中，除了店招、导航、欢迎模块和其他的商品信息等内容，还会有关于店铺收藏内容的收藏区和服务性质的客服区，它们的设计较为丰富，大小也不固定，会根据首页整体设计而发生相应的尺寸改变。收藏区和客服区是体现网店服务品质的关键，接下来就让我们一起学习它们的制作方法。

7.3.1 设计要点

网店收藏区在网店首页的装修中至关重要，当顾客对店铺的商品感兴趣时，恰到好处的收藏区设计可以提高店铺的顾客浏览量，增加顾客再次光临网店的概率。因此，在很多网店的首页中，会设计多个不同外观的店铺收藏模块来提示顾客及时对该店进行收藏，左图所示分别为在店招中和网店首页底部添加收藏区的设计效果。

网店的客服就好像实体店铺中的售货员一样，承担着为顾客解决一切困难的责任。在网店首页中添加客服区，可以及时地解决顾客的疑问，为网店的服务加分，同时提高顾客的回头率和成交率。

无论是网店首页中的店铺收藏区还是客服区，其设计风格都是与网店首页的整体风格息息相关的，网店首页是什么风格，那么收藏区和客服区就应该遵循这样的设计风格，才能让整个首页看起来协调、统一，体现出店铺的专业性。

在设计收藏区的过程中，为了增强顾客的收藏兴趣，很多时候会在收藏区中添加相关的优惠信息，以激发顾客对店铺的兴趣，提高店铺的收藏量，如下图所示。但是在设计和添加这些信息的时候要注意方法，一定不能喧宾夺主，最好通过字体的大小来突显出主次关系。

设计客服区最重要的就是要体现出客服的专业和热情。一般客服区的旺旺图标都会整齐排列，有的甚至会使用俏皮、美观的头像对客服的形象进行表现，拉近顾客与客服之间的距离，激发顾客的咨询欲望。

在收藏区添加多项优惠信息

本案例是为某店铺设计的收藏区，制作中通过使用可爱的卡通形象来拉近顾客与店铺之间的距离，增添画面的亲切感，而整体画面呈现出统一的色调，让顾客的视觉体验更加满意，更容易得到顾客的认可。此外，利用字体的大小来制造出一定的层次感和主次感，使得画面中的重点信息更加突出。

素材　随书资源包 \ 素材 \07\10.jpg、11.ai

源文件　随书资源包 \ 源文件 \07\ 收藏区设计 .psd

■ 1．设计要点分析

本案例将优惠券信息添加在画面中，提高顾客的兴趣，并通过卡通形象的修饰，让整个画面更富有乐趣，而浅浅的底纹又增加了画面的静止感，错落有致的文字让收藏区的信息表现更加主次分明，整个画面色调和谐而统一，避免了色彩杂乱而产生违和感。

■ 2．配色分析

本案例的配色主要是依据卡通形象的色彩来展开的，整个画面以浅棕色为主要色调，而棕色常常令人联想到泥土、自然、简朴，给人可靠的感觉，这样的配色可以营造出温暖的怀旧情愫，让顾客觉得很亲切而产生信任感。

■ 3．案例步骤解析

01 启动 Photoshop CC 应用程序，新建一个文档，将"背景"图层填充上黑色，接着新建"图层 1"，为其填充上 R237、G189、B121 的颜色。

02 将花纹素材 10.jpg 复制并贴到创建的"图层 2"中，适当调整素材的大小，设置该图层的混合模式为"正片叠底"、"不透明度"为 10%。

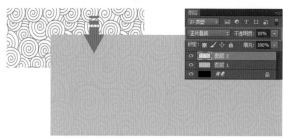

03 使用"横排文字工具"输入所需的标题文字，打开"字符"面板对文字的字体、颜色和字号等进行设置，将文字放在适当的位置，在图像窗口中可以看到编辑后的效果。

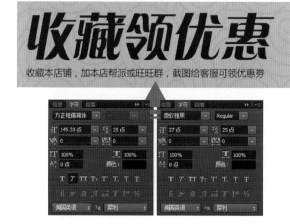

04 创建"标题"图层组，将编辑完成的文字图层拖曳到其中，双击该图层组，在打开的"图层样式"对话框中勾选"投影"复选框，并对选项进行设置，增强文字的层次感。

05 选择工具箱中的"矩形工具"，在图像窗口中单击并拖曳，绘制出三个矩形，放在适当的位置，接着将绘制后得到的三个图层拖曳到创建的"矩形"图层组中，在图像窗口中可以看到编辑的效果。

06 双击"矩形"图层组，在打开的"图层样式"对话框中勾选"描边"和"渐变叠加"复选框，并在相应的选项卡中对各个选项的参数进行设置，为这些矩形添加上"描边"和"渐变叠加"样式，在图像窗口中可以看到编辑后矩形呈现出来的效果与整个画面色调一致。

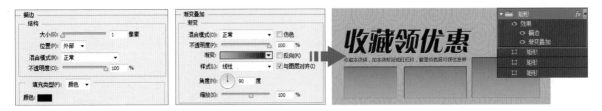

07 使用"横排文字工具"输入所需的文字，打开"字符"面板对文字的字体、颜色和字号等进行设置，将文字放在适当的位置，在图像窗口中可以看到编辑后的效果。

08 双击文字图层，在打开的"图层样式"对话框中为文字应用"描边"和"渐变叠加"样式，在相应的选项卡中对多个选项的参数进行设置，在图像窗口中可以看到编辑的效果。

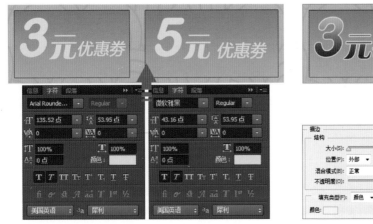

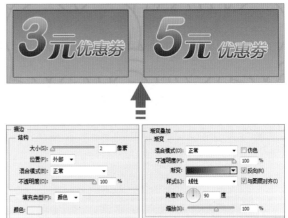

09 使用"横排文字工具"输入"（单独收藏店铺可领 3 元优惠券）"和"（收藏并加帮派旺旺群可领 5 元优惠券）"的文字，打开"字符"面板对文字的字体、颜色和字号等进行设置，把文字放在适当的位置，在图像窗口中可以看到编辑的效果。

10 使用"横排文字工具"输入所需的文字,打开"字符"面板对文字的字体、颜色和字号等进行设置,接着对"3元优惠券"文字图层的图层样式进行复制,然后粘贴到当前编辑的文字图层中,为这些文字应用上相同的图层样式效果,在图像窗口中可以看到编辑后的效果。

11 使用"横排文字工具"输入"点击收藏本店"的文字,打开"字符"面板对文字的字体、颜色和字号等进行设置,再为这些文字应用"投影"图层样式,在相应的选项卡中对各个选项的参数进行设置。

12 选择"钢笔工具"绘制出所需的箭头,填充上与右侧文字相同的颜色,并将文字所应用的"投影"图层样式复制粘贴到该图层,在图像窗口中可以看到编辑的效果。

13 将卡通图像素材 11.ai 置入文件中,在打开的"置入 PDF"对话框中单击"确定"按钮,接着对素材的大小进行调整,放在画面的合适位置,在图像窗口中可以看到本案例最终的编辑效果。

　　本案例是为某店铺设计的客服区，设计中把代表理智的蓝色作为主色调，表现出客服的专业和诚恳，修饰元素上采用了展示局部耳麦的方式进行辅助表现，用客服的办公工具来突显客服的专业形象，并通过整齐的文字和旺旺头像排列来营造出一种视觉上的工整感。

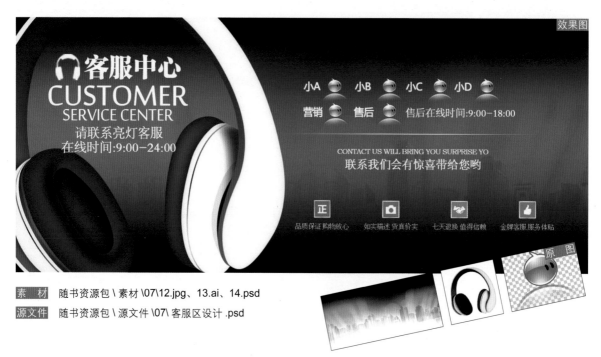

素　材	随书资源包 \ 素材 \07\12.jpg、13.ai、14.psd
源文件	随书资源包 \ 源文件 \07\ 客服区设计 .psd

■　1．设计要点分析

　　耳麦是人们印象中客服常用的办公工具，在设计本案例的过程中，用耳麦作为主要的表现对象，直观地传递出该区域的功能和作用。通过耳麦对画面进行自然的分割，左侧放置标题文字，右侧放置客服图标，并通过统一的蓝色调来提升客服的可信赖感，有助于店铺服务形象的提升。

■　2．配色分析

　　蓝色代表了理性、冷静和沉稳，在本案例中主要使用了蓝色调进行配色，努力让画面的色彩提升客服的形象，让顾客能够对客服产生信任。

■ 3．案例步骤解析

01 启动 Photoshop CC 应用程序，新建一个文档，设置前景色为 R51、G51、B51，按下快捷键 Alt+Delete，将"背景"图层填充上前景色。

02 将建筑图像素材 12.jpg 添加到图像窗口中，适当调整其大小，使其铺满整个画布，在"图层"面板中设置其混合模式为"叠加"。

03 创建"渐变填充 1"填充图层，在打开的"渐变填充"对话框中对各个选项进行设置，将画面的底部变暗，在图像窗口中可以看到编辑后的效果。

04 执行"文件＞置入"菜单命令，在打开的"置入"对话框中选择耳机图像素材 13.ai，并在"置入 PDF"对话框中直接单击"确定"按钮，置入耳机图像，然后适当调整其大小和角度。

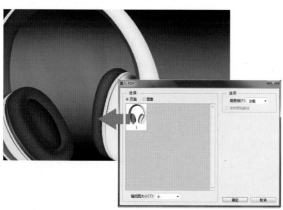

05 选择"横排文字工具"，在画面适当位置单击，输入所需的文字，打开"字符"面板，对文字的字体、字号、字间距和颜色等进行设置，最后使用"钢笔工具"绘制出耳麦的形状。

06 将旺旺头像素材 **14.psd** 置入当前文件中,适当调整其大小,放在适当的位置,接着对旺旺头像进行复制,按照一定的间隔均匀摆放,在图像窗口中可以看到编辑后的效果。

07 选择"横排文字工具"为旺旺头像添加相应的客服名称,打开"字符"面板对文字的属性进行设置,并将每个文字放在相应的位置,在图像窗口中可以看到编辑的效果。

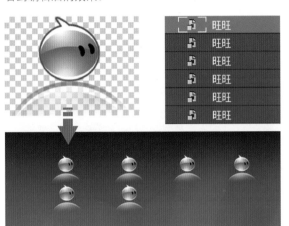

08 选择工具箱中的"横排文字工具",在画面右侧的适当位置单击,输入"品质保证 购物放心 如实描述 货真价实 七天退换 值得信赖 金牌客服 服务体贴"的文字,打开"字符"面板,对文字的字体、字号、字间距和颜色等进行设置。

09 使用"矩形工具"和"钢笔工具"绘制出四个图标,为每个部分填充相应的颜色,将每个图标都合并在一个图层中,得到 01、02、03 和 04 图层,把图标放在相应的每组文字的上方,在图像窗口中可以看到编辑后的效果。

10 选择工具箱中的"横排文字工具",在画面右侧的适当位置单击,输入所需的文字,打开"字符"面板,对文字的字体、字号、字间距和颜色等进行设置,并将文字放在合适的位置,在图像窗口中可以看到添加文字后的效果。

11 使用"矩形工具"绘制一个白色的矩形条,无描边色,接着为该图层添加上图层蒙版,使用"渐变工具"对其蒙版进行编辑,让矩形条两端呈现出渐隐效果。

技巧 **创建隐藏整个图层的蒙版**

若要创建隐藏整个图层的蒙版,即创建黑色的图层蒙版,可以按住 Alt 键并单击"添加图层蒙版"按钮,或执行"图层 > 图层蒙版 > 隐藏全部"菜单命令。

12 创建"色彩平衡 1"调整图层,在打开的"属性"面板中设置"中间调"选项下的色阶值分别为 -32、+4、+100,接着选择"色调"下拉列表中的"高光"选项,设置该选项下的色阶值分别为 -3、+1、-33,对画面整体的颜色进行调整,在图像窗口中可以看到本实例的最终效果。

妙招　只需三个元素，快速制作简约大气的欢迎模块

在浏览网络上众多的网店首页时，会发现很多网店的欢迎模块简约而大气，不仅将商品的形象呈现得非常完美，也将海报的文字信息表现得美观大方。经过对比和总结，我们会发现，这些欢迎模块都包含了三个相同的设计元素，那就是多文字组合的标题、形象完整的商品和绚丽的背景。

多文字组合的标题、形象完整的商品和绚丽的背景合理地组合在一个画面中，再通过合理的调色将画面的色调统一起来，就可以轻松地制作出一幅简约大气的欢迎模块。我们对本章中的两个案例进行解析，如下图所示。

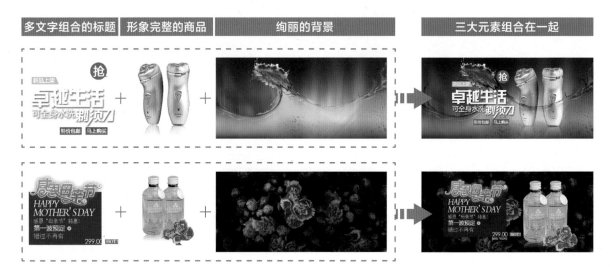

■　1. 多文字组合的标题

在设计欢迎模块的文字部分时，可以通过字体的变化、字号的变化、修饰图形和图像的添加等方式来增强文字的观赏性和设计感。在平时的创作中也可以收集一些具有参考价值且风格各异的标题文字，在日后的欢迎模块设计中作为参考。如下图所示为三组不同的标题文字设计，针对不同的主题，使用了不同的修饰图形和配色。

2. 形象完整的商品

形象完整的商品，就是指商品图像呈现出来的色彩、光泽等都和商品的真实形象一致，在某些时候甚至会通过后期的处理让商品的色泽、外观和细节等变得更加细腻，力求真实且完美地展现出商品的特点。要注意一点，不同材质的商品在后期的处理上会有所不同。

如下图所示分别为保温杯、相机和戒指的商品形象，设计师在将商品图像抠取出来之后，还对图像的细节、瑕疵等进行修饰和处理，并通过调色使其色彩与真实商品的色泽一致，最后还使用 Photoshop 的锐化功能让图像变得清晰，这样高画质的商品形象在欢迎模块的设计中才能更好地表现出店铺的品质。

  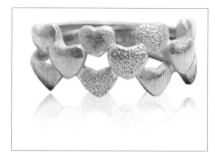

保温杯商品形象　　　　　　　　相机商品形象　　　　　　　　　戒指商品形象

3. 绚丽的背景

欢迎模块中的背景素材，会直接影响整个欢迎模块的氛围，不同的主题应使用不同的背景，而商品的受众性格也会影响背景的选择。

例如，当圣诞节来临，需要设计以圣诞节为主题的欢迎模块时，会选择与圣诞节相关的元素和色彩作为欢迎模块的背景；如果要设计与儿童商品相关的欢迎模块，则会选择色彩明亮、内容可爱的卡通绘图作为背景。如右图和下图所示分别为不同色调、内容和风格的背景，在具体的欢迎模块的设计中，背景的选择还会受到商品的色彩、文字的风格等因素的影响。

光斑溶图背景

以卡通为主题的背景

以真实材质为背景

第8章 宝贝详情——精准地抓住顾客的眼球

当顾客进入单个商品的详情页面的时候，会有针对性地了解与这个商品相关的信息，这些信息包括商品的优惠活动、整体形象、局部细节、售后服务等，通过这些信息，顾客可以更加清晰和完整地了解商品的整个形象，有助于顾客做出判断。除这些信息之外，详情页面还会包含侧边分类栏、宝贝搭配模块，它们的作用是对顾客的浏览行为进行指导和刺激，以激发顾客的购买欲。宝贝详情页面各部分的设计重点不同，本章将通过具体的案例，对宝贝详情页面中有代表性的部分进行讲解。

本章重点

● 橱窗
● 分类

● 搭配
● 细节

8.1 形象——橱窗展示

商品的橱窗照是放在宝贝详情页面顶部左侧的图片，它是每个商品的第一个展厅。橱窗照主要以销售的商品为表现对象，巧妙应用布景、道具，以背景画面装饰为衬托，配合以合适的灯光、色彩和文字说明，是一种商品介绍和宣传为一体的综合性广告艺术形式。

8.1.1 设计要点

顾客在进入单个商品的详情页面，或者在网商平台中搜索某种系列的商品时，首先接触到的就是商品的橱窗照，所以，橱窗照的设计与宣传对顾客购买情绪有重要的影响。

网店装修中，橱窗照的设计相比网店首页装修设计显得更加重要，它的设计既要突显出商品的特色，又要迎合顾客的心理行为和需求，既要让顾客看了之后有美感和舒适感，还要让顾客对商品产生向往之情。优秀的商品橱窗照可以起到展示商品、引导消费、促进销售的作用，甚至可以成为吸引顾客的艺术佳作。

橱窗照的设计标准尺寸为500像素×500像素，从设计的内容上来看，可以分为两种类型，一种是特效合成类，主要通过为商品添加多种修饰素材，使其呈现出绚丽的画面效果，多用于对单个商品的形象进行表现；而另外一种是综合类的橱窗照，它会将商品的多种状态、型号或者色彩在一个画面中表现出来，并且在画面中添加与商品特点相关的文字信息，辅助商品的表现。

将炫光素材与鼠标合成在一起，制作出光彩炫动的感觉，提升商品形象

特效合成类

展示出保温杯不同色彩所陈列出来的形象，并添加文字进行辅助说明

综合表现类

商品橱窗照的设计没有固定的要求，只要能够很好地吸引住顾客的目光，就是好的设计。现在很多商家都喜欢在橱窗照中突显出包邮、特价、赠品等多种信息，使其能够获得顾客的关注，而橱窗照的设计也是五花八门，但只要能够让顾客单击橱窗照进入商品的详情页面，橱窗照就起到了它的作用。

本案例是为某品牌的鼠标设计的橱窗照。在设计的过程中为了表现出一种炫彩的光晕效果，在画面添加了绚丽的拖尾光，通过合成的方式来制作橱窗照，表现出鼠标高品质、高科技的特点，给顾客带来视觉上的享受，更加容易得到顾客的青睐。

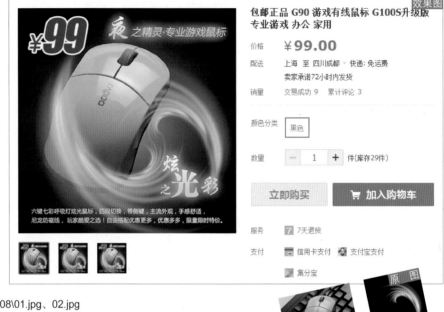

素材　随书资源包 \ 素材 \08\01.jpg、02.jpg
源文件　随书资源包 \ 源文件 \08\ 特效合成类的橱窗展示设计 .psd

■ 1．设计要点分析

本案例是为鼠标设计的橱窗照，由于该鼠标的最大特点是可以发出光亮，为了在橱窗照中展示出点击鼠标过程中发出的光亮，设计橱窗照时通过合成绿色的光晕素材来制作出特效，让整个橱窗照显得绚丽而夺目，给顾客视觉上的震撼。此外，在设计画面文字时，通过"渐变叠加""外发光"的样式来配合画面色彩和光线的表现，使得整个画面的风格协调而统一，表现出较强的设计感。

■ 2．配色分析

由于案例中的鼠标色彩为绿色，因此在搭配光线素材的时候选择了绿色的光线，明度层次清晰的绿色光线除了让画面色调统一以外，还表现出一种神秘的感觉。除了绿色之外，画面中的商品价格使用了暗红色进行搭配，这种强烈的色相对比使得价格信息更加突出，有利于顾客第一时间留意到商品价格上的优势。

■ 3．案例步骤解析

01 启动 Photoshop CC 应用程序，新建一个文档，将"背景"图层填充为黑色，接着创建"渐变填充 1"图层，在打开的对话框中设置参数。

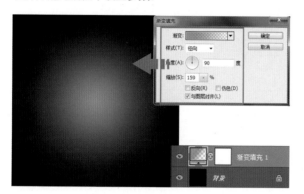

02 将鼠标图像素材 **01.jpg** 添加到图像窗口中，使用"钢笔工具"沿着鼠标绘制路径，通过"路径"面板将绘制的路径转换为选区。

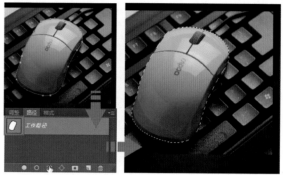

03 创建选区后，单击"图层"面板下方的"添加图层蒙版"按钮，为素材图层添加图层蒙版，将鼠标抠取出来，并将抠取的鼠标放在适当的位置，在图像窗口中可以看到编辑的效果。

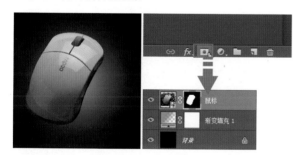

04 将鼠标添加到选区中，创建"色阶 1"调整图层，在打开的"属性"面板中设置 **RGB** 选项下的色阶值为 **4**、**1.11**、**233**，调整鼠标图像的亮度和层次，在图像窗口中可以看到编辑的效果。

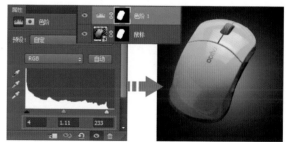

05 按下快捷键 **Ctrl+Alt+Shift+E**，盖印可见图层，得到"图层 1"图层，将其转换为智能对象图层，执行"滤镜＞锐化＞ **USM** 锐化"菜单命令，在打开的"USM 锐化"对话框中设置"数量"为 **100%**，"半径"选项为 **1.5** 像素，"阈值"为 **0** 色阶，确认设置后，在图像窗口中可以看到鼠标的细节更加清晰。

06 执行"滤镜＞杂色＞减少杂色"菜单命令，在打开的"减少杂色"对话框中设置"强度"为 **2**，"保留细节"选项参数为 **28%**，"减少杂色"选项为 **71%**，"锐化细节"选项为 **0%**，去除画面中的杂色。

07 将所需的光线图像素材 **02.jpg** 添加到图像窗口中，适当调整光线素材的大小，接着在"图层"面板中设其混合模式为"滤色"，并为其添加图层蒙版，使用"画笔工具"对其进行编辑。

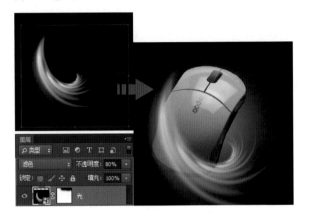

08 使用"横排文字工具"在适当的位置添加上所需的文字，并使用"渐变叠加"和"外发光"图层样式对文字进行修饰，在相应的选项卡中对文字进行设置，在图像窗口中可以看到编辑的效果。

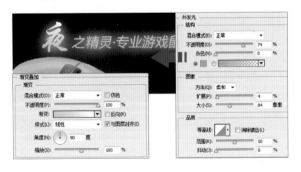

09 使用"横排文字工具"在画面中添加上所需的其他的文字，设置好文字的字体、字号等，使用"渐变叠加""外发光"样式对其进行修饰，在图像窗口中可以看到编辑的效果。

10 使用"横排文字工具"在适当的位置添加鼠标的价格，设置好文字的字体和字号，放在画面的左上角，接着使用"描边"样式对其进行修饰，在图像窗口中可以看到编辑的效果，完成本案例的制作。

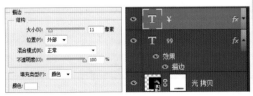

8.1.3 综合类的橱窗展示设计

本案例是为某品牌的保温杯设计的橱窗照。在设计的过程中，考虑到保温杯的实际情况，通过多种色彩的展示来表现保温杯的可选性丰富，顾客有较大的选择空间，同时利用有效的文字说明对保温杯的最大优点进行突出显示，最后使用边框来增强画面的集中性，使其更容易引起顾客的注意。

素 材　随书资源包 \ 素材 \08\03.jpg
源文件　随书资源包 \ 源文件 \08\ 综合类的橱窗展示设计 .psd

■ 1．设计要点分析

本案例中的商品为保温杯，鉴于保温杯的外观为磨砂的金属材质，因此在设计橱窗照的时候为其添加了渐变浅色的背景，制作出自然光线照射的效果，这样的设计能够真实地表现出保温杯的材质和彩色。此外，由于保温杯的颜色众多，店家为了让顾客第一时间对商品产生兴趣，将多种色彩的保温杯展示在一个画面中，给予顾客更多的选择，提高顾客对商品的热衷度，有助于商品的全方位展示。

■ 2．配色分析

由于本案例中的保温杯有多种颜色，在设计中将多种色彩的保温杯组合在一个画面中，使得橱窗照的配色表现出多姿多彩的视觉效果，同时由于画面中的暗红色保温杯面积较大，将其作为主打色彩进行突出表现，让红色成为画面的主要色调，烘托出热情、欢快的气氛，与保温杯的特征相互辉映。

■ 3.案例步骤解析

01 启动 Photoshop CC 应用程序，新建一个文档，将"背景"图层填充为白色，接着创建"渐变填充 1"图层，在打开的"渐变填充"对话框中对各个选项的参数进行设置，在图像窗口中可以看到编辑的效果。

02 将保温杯图像素材 03.jpg 添加到图像窗口中，使用"钢笔工具"沿着保温杯的边缘绘制路径，接着把路径转换为选区，以选区为标准创建图层蒙版，把保温杯抠选出来。

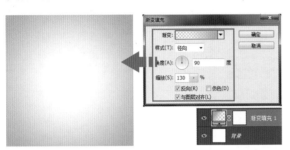

03 将保温杯再次添加到选区中，为选区创建"曲线 1"调整图层，在打开的"属性"面板中对曲线的形态进行设置，接着使用黑色的"画笔工具"对图层蒙版进行编辑，只对部分图像进行影调调整。

04 将前面编辑保温杯的图层进行复制，并将其合并在一个图层中，命名为"倒影"，调整图层的顺序，为该图层添加图层蒙版，使用"渐变工具"对图层蒙版进行编辑，制作出投影的效果。

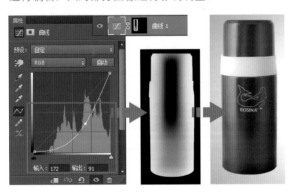

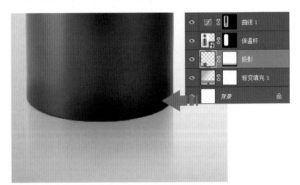

05 对前面编辑的保温杯图层和曲线图层进行复制，合并到一个图层中，命名为"图层 1"，适当调整该图层中保温杯的大小，将其添加到选区中，为选区创建"色相 / 饱和度 1"调整图层，在打开的"属性"面板中设置"全图"选项下的"色相"选项参数为 +90。

06 对"图层1"进行两次复制,得到相应的拷贝图层,调整保温杯的位置,使用"色相/饱和度"调整图层对另外两个保温杯的颜色进行调整,在图像窗口中可以看到保温杯编辑后的颜色。

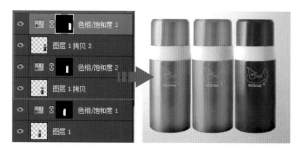

07 将"图层1"及相关的拷贝图层和调整图层进行复制,把复制后的图层合并在一起,命名为"投影",将图像进行垂直翻转,使用"渐变工具"对其图层蒙版进行编辑,制作出保温杯的投影。

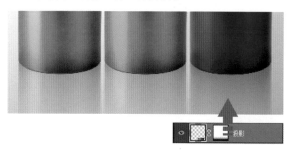

08 使用"横排文字工具""圆角矩形工具"和"自定形状工具"为图像添加所需的文字和形状,分别为各个元素填充上适当的颜色,并使用"投影"样式对部分对象进行修饰。

09 按下快捷键Ctrl+A将全图选中,接着使用"矩形选框工具"对选区进行删减,制作出线框的选区效果,新建图层,命名为"边框",为选区填充上R146、G41、B63的颜色,并设置混合模式为"颜色加深"。

10 按下快捷键Ctrl+Alt+Shift+E,盖印可见图层,得到"图层2"图层,将其转换为智能对象图层,执行"滤镜>锐化>USM锐化"菜单命令,在打开的"USM锐化"对话框中设置"数量"为100%,"半径"选项为1.5像素,"阈值"为0色阶,确认设置后,在图像窗口中可以看到保温杯的细节更加清晰。完成本案例的制作。

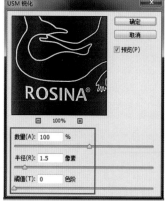

8.2 系统——宝贝分类

宝贝分类栏在网络店铺中的作用就好像实体店铺中店内商品的目录指示牌和导购员，宝贝分类是网店装修的重要环节，因为不论普通店还是旺铺，分类清清楚楚非常重要，它可以让顾客很容易找到想要的产品，尤其商品种类繁多时，其作用尤为突出。

8.2.1 设计要点

宝贝分类就是店铺左侧的店铺类目，可以是文字或者图片形式，因为图片比文字更有直观、醒目的特殊效果，所以用图文结合的方式设计精美的图片分类，会让店铺货品井井有条，为店铺增色不少。如下图所示为宝贝分类栏在详情页面的位置。

淘宝网宝贝分类图片最大宽度是 160 像素，高度不限，文件的格式可以是 JPG 的图片，也可以是 GIF 格式的动画。在设计中有的会使用图片来对商品的分类进行提示，有的会通过色彩的反差来营造出强烈的对比，如下图所示。

值得注意的是，如果在淘宝网中对宝贝分类进行设计，由于其本身不提供分类图片上传空间，因此需要先设计好分类图片，上传到淘宝相册空间，或者其他的相册空间，然后链接图片地址就可以了。

宝贝分类栏

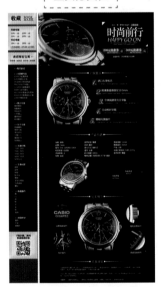

使用以剪影为内容的图片来对商品的分类进行提示

通过色相之间的差异来营造出强烈的视觉差异进行分类

在设计宝贝分类图片的时候，要注意色调和风格的把握。由于宝贝分类图片始终贯穿每个宝贝详情页面的始末，在配色和风格的选择上要与网店整体风格，或者是商品的整体形象一致，才能使宝贝详情页面的色调和风格形成统一的视觉效果。除此之外，在很多时候店家会在分类栏的上方或下方添加多组信息，如收藏店铺、销售排名、客服等，能够让顾客在浏览商品分类的同时了解到更多的店铺信息，并提供及时的服务。

　　本案例是为某箱包店铺设计的宝贝侧边分类栏，在设计的过程中使用了简易的色块来对不同的分组信息进行表现，让顾客能够一目了然地识别出每组之间的差异，同时搭配上外形方正的字体，使得整个侧边栏的风格保持一致。而最顶端箱包的剪影小巧而精致，体现出细节上的完美。

源文件　随书资源包 \ 源文件 \08\ 炫彩风格的宝贝分类设计 .psd

■ 1. 设计要点分析

　　在本案例的设计中，使用了单一的色块来对侧边分类栏中的不同组别信息进行表现。由于单一色块具有醒目的特点，这样的设计可以缩短顾客浏览和查找的时间，给顾客的阅读体验加分。此外，分类栏中箱包轮廓和 HOT 字样的添加，也让整个设计显得精致和完美，表现出充实和绚丽的感觉。

添加的箱包图案

添加的HOT字样

■ 2. 配色分析

　　本案例是为旅行箱包设计的侧边分类栏。旅行箱包在我们的印象中，其色彩都是极为丰富的，为了表现出旅途中轻松、愉悦的心情，箱包设计者通常会把箱包设计为高纯度和高明度的色彩，以突显使用者的心情，传递出浓浓的愉快之感。因此在设计侧边分类栏的过程中，我们将箱包的色彩融入绘制的形状中，通过不同色相的色块来体现出不同组别之间的差异，让顾客浏览起来更加的享受，营造出了活力、活泼、跳跃的氛围，有助于提高画面的观赏性。

■ 3. 案例步骤解析

01 启动 Photoshop CC 应用程序，新建一个文档，将"背景"图层填充上 R23、G42、B136 的颜色，接着绘制一个矩形，填充上适当的颜色，无描边色。

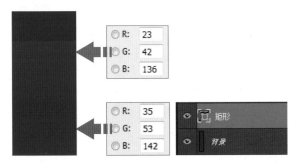

02 使用"横排文字工具"在适当的位置添加所需的文字，适当调整文字的大小，在图像窗口中可以看到编辑的效果。

03 新建图层，命名为"箱包"，使用"钢笔工具"在适当的位置绘制出箱包的形状，设置其填充色为白色，在图像窗口中可以看到编辑的效果。

04 选择工具箱中的"矩形工具"，绘制出若干个矩形，分别为每个矩形填充上不同的颜色，无描边色。接着将这些矩形居中对齐，放在适当的位置，作为分类栏的次级分类标题，在图像窗口中可以看到编辑的效果。

05 使用"横排文字工具"在次级分类标题的矩形上添加上所需的文字，打开"字符"面板对文字的属性进行设置，调整文字的颜色为白色，在图像窗口中可以看到编辑的效果。

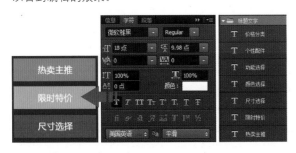

06 使用"横排文字工具"继续为分类栏添加上文字，并使用 HOT 字样来表示其中较为热卖的分类，在图像窗口中可以看到编辑的效果。完成本案例的制作。

本案例是为某服装店铺设计的宝贝分类栏，在设计中使用了灰度的色彩进行单色风格的配色，画面显得非常简洁。鉴于服装会有多种色彩出现，侧边栏使用单色调的风格进行设计可以让服装更加突出。此外，在每种不同服装的类别前面都使用了外形生动的剪影来对该类型的服装进行指示，让分类表现得更加形象。

源文件 随书资源包 \ 源文件 \08\ 单色风格的宝贝分类设计 .psd

■ 1. 设计要点分析

本案例是为某品牌的服饰店铺设计的宝贝分类栏。在设计的过程中通过服饰的类别将商品分为多个分组，利用服饰的剪影来为顾客塑造该类别中商品的形象，通过线条来对每组信息进行分割，顶部和底部使用黑色矩形条来进行表现，让画面具有较强的集中性和表现力。此外，单一的配色也使得该分类栏可以适合多种不同设计风格的宝贝详情页面。

服饰剪影效果让分类更形象，而中英文对照的文字编排提升了整体的档次

■ 2. 配色分析

本案例在设计配色的过程中，将整个侧边栏填充上不同的灰度色彩，这种无彩色的搭配让分类栏能够适合各种色彩的宝贝详情页面。因为无彩色是一种表现力最扎实、最完整，在所有配色中最无疑问的配色方法，以黑、灰、白搭配容易引出高级配色，能够轻松地提升整个画面的档次，非常适合前卫、个性风格的服饰店铺使用。

◆专家提点：网店装修中的线条元素应用

线条包含着多重多样的审美因子，有强弱、精细、穿插、节奏等变化，在网店装修的过程中，如果能够合理地应用线条来对画面中的文字或者图像进行修饰，可以得到很好的设计效果。线条永远是设计者最原创、最得力的伙伴。它既能准确地塑造出各种各样的形体，又能表现不同体积的空间感。

—— 宝贝分类 ——

按价格>按销量>按人气>

 COATS
外套

 DRESSES
裙装

+ 连衣裙

+ 半身裙

+ 背心裙

+ 打底裙

+ 短裙

 TOPS
上装

 BOTTOMS
裤装

 PRICE
价格

 ACC
配饰

MORE ✚

01 启动 Photoshop CC 应用程序，新建一个文档，使用"矩形工具"绘制一个黑色的矩形，接着利用"横排文字工具"添加上所需的文字。

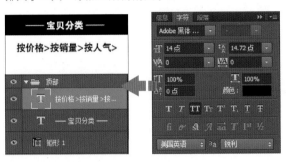

02 使用"矩形工具"绘制出灰色的矩形，并通过"钢笔工具"绘制黑色的外套剪影，将两个图形组合在一起，放在适当位置，同时在下方添加上黑色线条。

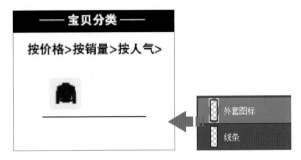

03 选择工具箱中的"横排文字工具"，在适当的位置添加上所需的文字，打开"字符"面板设置文字的字体、字号和字间距等，并调整文字的颜色为黑色，最后使用图层组对编辑的图层进行管理。

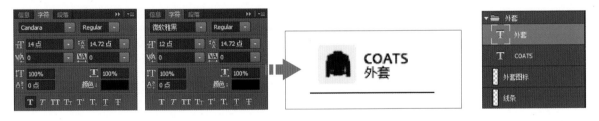

04 参考前面的编辑方法，在画面中绘制出其余的图标，同时添加上相应的文字进行说明，并使用黑色的线条对信息进行分组，在图像窗口中可以看到编辑的效果。

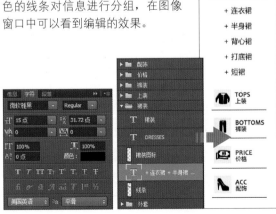

05 使用"矩形工具"绘制出黑色的矩形，放在分类栏的底部，接着绘制出白色的正方形，并使用"横排文字工具"在适当的位置添加上文字，打开"字符"面板设置文字的字体、字号和颜色等信息，在图像窗口中可以看到编辑后的效果，最后使用图层组对编辑的图层进行管理，完成本案例的制作。

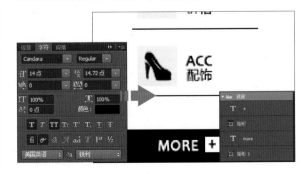

8.3 推荐——宝贝搭配区域

为网店策划活动如今成了每个网店卖家的必备技巧，然而，活动的效果怎样，还要看精细化运营策略中搭配销售的成果如何。如果单纯地做活动，推广一件产品，那么，火的只是这一件产品，对于店铺的整体运营来说没多大作用，所以，每个惯于做活动的卖家一定要学会如何做好搭配销售。

8.3.1 设计要点

在进行网店装修的过程中，通常会将宝贝搭配销售的区域放在单个商品的详情页面的顶部，其设计的内容不会太多，因为过多的内容会对当前商品的详情产生影响，削弱了顾客对目标商品的关注度。在设计搭配区域的时候，一定要把握住设计尺寸的"度"，在吸引住顾客对搭配区域产生兴趣的同时，不要让商品详情中的内容太过滞后。

在通常情况下，我们会将宝贝搭配区域做成一个专题。如果商品的类别、风格够齐全的话，可以分屏设计不同的风格，例如第一屏做明星搭配，第二屏做某个色系的搭配，第三屏体现休闲风格等。同时可以搭配一定的文案，加长顾客在页面的停留时间。而搭配区的风格也应该与商品的形象和风格一致，才能更好地辅助商品的表现，如下图所示分别为两个不同风格的宝贝搭配区域设计。

在宝贝详情页面中添加宝贝搭配套餐的促销方式现在已经普遍，但是很多卖家不懂得其中促销技巧，只是根据自己的主观意识或者产品库存来设置，让顾客觉得搭配起来很不合理或者价格没有优势。在设计搭配套餐的时候，首先要考虑商品的特点，比如有的服装店铺的搭配套餐，要考虑模特身上穿的这款上衣与什么样的裤子一起搭配，会更容易吸引人；其次，两款产品搭配在一起价格很重要，一定要选择其中高价位的促销价加上几块钱，让顾客感觉另外一件是送的或者是换购的；最后搭配套餐最少是两个，最多是五个，一款产品不要设置太多搭配套餐，让主推产品起引导作用。此外，为了获得最佳的视觉效果，还可以通过相加的方式，或者是平铺展示的方式来表现出套餐的特点，由此吸引顾客的注意。

本案例是为某品牌的相机和镜头设计的宝贝搭配区。在设计中使用较为暗沉的色彩来进行搭配，通过白色文字和暗蓝色的反差来突显文字信息，用原价与组合价对比的方式表现出套餐组合中的价格优势，同时利用箭头作为背景进行指示，而阴影效果的添加使得画面的层次感增强。

素材　随书资源包 \ 素材 \08\04.jpg ～ 06.jpg

源文件　随书资源包 \ 源文件 \08\ 冷酷风格的宝贝搭配区域设计 .psd

■ 1. 设计要点分析

本案例是为数码产品设计的宝贝搭配区。在设计中将套餐中的数码产品以相加的方式捆绑起来，通过等号显示出折扣后的价格，利用原价与组合价对比的形式来突显价格之间的差异。值得注意的是，在设计中使用了箭头形状作为套餐的背景，可以引导顾客的视线，并通过清晰的分组来对套餐进行归类表现。

■ 2. 配色分析

鉴于数码产品本身的色彩较暗，在本案例的配色中使用了与之明度相似的暗蓝色作为背景，通过白色的文字来使其与背景色彩形成强烈的反差，能够让套餐的折扣价格更加突出和醒目，清晰的加号、等号的配色也使得画面逻辑关系更清楚。

■ 3．案例步骤解析

01 启动 Photoshop CC 应用程序，新建一个文档，设置前景色为黑色，接着按下快捷键 Alt+Delete，将"背景"图层填充上黑色。

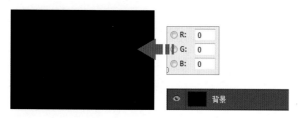

02 使用"矩形选框工具"创建矩形的选区，新建图层，命名为"背景"，为选区填充上 R0、G26、B47 的颜色，在图像窗口中可以看到编辑的效果。

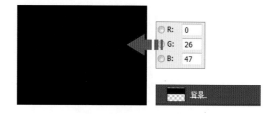

03 使用"钢笔工具"绘制出斜面线条的形状，填充上适当的颜色，放在画面适当的位置，并通过创建剪贴蒙版的方式对其显示进行控制，在图像窗口中可以看到编辑后的效果。

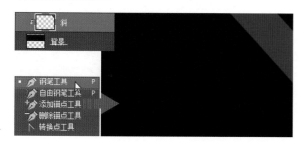

04 选择"横排文字工具"在适当的位置单击，输入"套餐一"，打开"字符"面板对文字的字体、字号和颜色等属性进行设置，并适当调整文字的角度，放在画面中适当的位置。

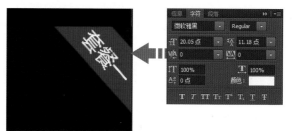

05 使用"钢笔工具"绘制出三角形的形状，填充上 R0、G73、B134 的颜色，接着使用"投影"样式对三角形进行修饰，在相应的选项卡中设置参数，在图像窗口中可以看到编辑后的效果。

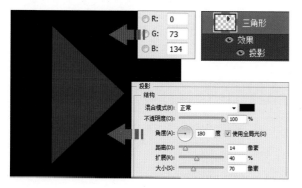

06 使用"钢笔工具"绘制出所需的形状，填充上 R0、G73、B134 的颜色，接着将其与前面绘制的三角形组合在一起，微调形状的距离，在图像窗口中可以看到编辑的效果。

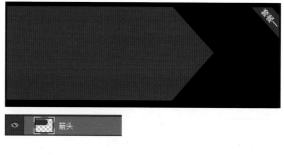

07 选择"横排文字工具"在适当的位置单击，添加加号和等号，接着打开"字符"面板对文字的属性进行设置，调整文字的颜色为白色，在图像窗口中可以看到编辑后的效果。

08 继续使用"横排文字工具"在图像窗口中添加上所需的文字，并通过"圆角矩形工具"和"钢笔工具"绘制出所需的形状并进行修饰。

09 将镜头图像素材 **05.jpg** 添加到图像窗口中，适当调整其大小，放在合适的位置，接着使用"钢笔工具"沿着镜头绘制路径，通过"路径"面板将绘制的路径转换为选区，创建选区后，为该图层添加图层蒙版，将镜头抠选出来，在图像窗口中可以看到编辑后的效果。

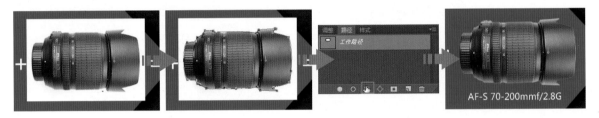

10 创建"色阶 1"调整图层，设置 RGB 选项下的色阶值分别为 195、0.55、255，接着将该图层的蒙版填充上黑色，将镜头添加到选区，使用白色的"画笔工具"对选区中的蒙版进行编辑。

11 将前面编辑的图层添加到创建的图层组"搭配 1"中，并复制图层组，调整图像的位置，并添加镜头图像 **06.jpg** 至图层组，根据镜头适当调整该图层组中的文字内容，在图像窗口中可以看到编辑的效果。

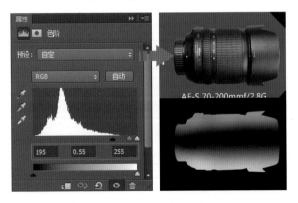 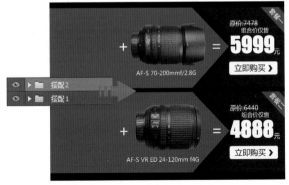

12 将相机图像素材 **04.jpg** 添加到图像窗口中，适当调整素材的角度和大小，接着选择工具箱中的"磁性套索工具"，在相机的边缘位置单击，添加一个锚点，使用鼠标沿着相机的边缘进行移动，Photoshop 会根据鼠标运动的轨迹自动添加锚点，当最后一个锚点和第一个锚点连接时，即可将相机添加到选区中。

13 利用创建的选区，为相机图层添加图层蒙版，双击图层蒙版缩览图，打开"蒙版"面板，在其中单击"蒙版边缘"按钮，打开"调整蒙版"对话框，在其中对各个选项的参数进行设置，调整抠取图像的精确度，在图像窗口中可以看到编辑的效果。

14 创建"色阶 3"调整图层，设置 RGB 选项下的色阶值分别为 0、0.30、255，接着将该图层的蒙版填充上黑色，将相机添加到选区，使用白色的"画笔工具"对选区中的蒙版进行编辑。

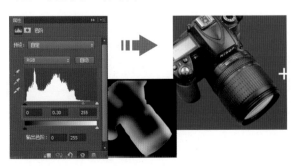

15 对编辑的相机进行复制，移动到适当的位置，接着盖印可见图层，得到"图层 1"，将其转换为智能对象图层，使用"USM 锐化"滤镜对其进行锐化处理，让细节更加清晰，完成本案例的编辑。

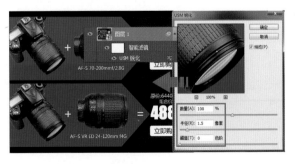

本案例是为某品牌的女童装设计的宝贝搭配区，鉴于女童天真、可爱、活泼的形象，在设计的过程中使用了多种色彩来营造出活力四射的氛围，采用女童穿着服装的图像来表现商品，通过对套餐进行简单的介绍来激发顾客的兴趣，其具体的设计和制作如下。

素材 随书资源包 \ 素材 \08\07.jpg ～ 13.jpg

源文件 随书资源包 \ 源文件 \08\ 清爽风格的宝贝搭配区域设计 .psd

■ 1．设计要点分析

本案例设计的是女式童装的套餐。由于服装的素材为模特展示效果，因此在设计套餐的过程中将模特抠取出来放在统一的背景中，让画面整体风格看起来更和谐。同时艺术化的标题和简明扼要的套餐说明让套餐页面中的信息表现更加具有设计感，也更容易引起顾客的注意和兴趣。

■ 2．配色分析

本案例中的配色要从两个方面来分析，一个是画面背景和文字的设计配色，一个是女童服装的配色，具体如下图所示。它们的色彩都偏向暖色系，并且色彩较亮，融合在一个画面中可形成清爽、甜美的风格，与女童服装的形象一致。

设计配色

服装配色

■ 3．案例步骤解析

01 启动 Photoshop CC 应用程序，新建一个文档，新建图层，命名为"背景"，绘制一个矩形，填充上 R239、G239、B239 的颜色，在图像窗口可看到编辑的效果。

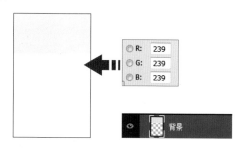

02 将花卉图像素材 07.jpg 添加到图像窗口中，使用"渐变工具"对其添加的图层蒙版进行编辑，制作出渐隐的效果，并拷贝花卉素材，更改图层蒙版的编辑。

03 选择工具箱中的"钢笔工具"，绘制出所需的梯形，为其填充上 R244、G201、B86 的颜色，无描边色，放在画面中适当的位置，在图像窗口中可以看到编辑的效果。

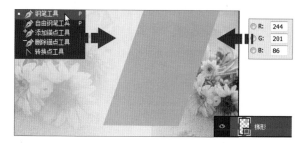

04 将素材 08.jpg、09.jpg 添加到图像窗口中，使用"磁性套索工具"将儿童抠取出来，并通过图层蒙版控制其显示，适当调整儿童图像的大小，放在画面的左侧，在图像窗口中可以看到编辑的效果。

05 使用"钢笔工具"，绘制出所需的梯形，为其填充上白色，无描边色，放在画面中适当的位置，设置白色梯形的"不透明度"选项为 **66%**。

06 使用工具箱中的"横排文字工具"在画面适当位置单击，添加上所需的文字，并通过"椭圆工具"绘制出所需的圆形。

07 使用"横排文字工具"输入"省钱搭配购",接着利用"渐变叠加"样式对其进行修饰,在相应的选项卡中对各个选项的参数进行设置,在图像窗口中可以看到编辑的效果。

08 选择工具箱中的"矩形工具",在图像窗口中单击并拖曳,绘制大小不相同的两个矩形,分别填充上不同明度的粉红色,将两个矩形叠加放在一起,在图像窗口中可以看到编辑的效果。

09 使用"钢笔工具"绘制出其他的形状,分别填充上适当的颜色,并通过"渐变叠加"对其中一个形状的颜色进行修饰,在相应的选项卡中调整选项的参数,在图像窗口中可以看到编辑的效果。

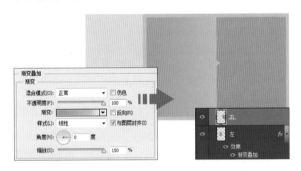

10 将素材 10.jpg、11.jpg 添加到图像窗口中,接着将其抠选出来,利用图层蒙版对其显示进行控制,通过剪贴蒙版功能对抠取图像的显示进行进一步的约束,并适当调整儿童图像的位置。

11 使用"矩形工具"绘制出所需的形状,接着利用"横排文字工具"在画面适当的位置添加上所需的文字,在"字符"面板中设置文字的属性,在图像窗口中可以看到编辑的效果。

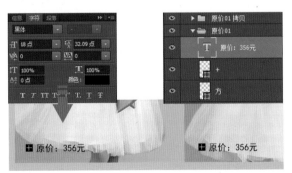

12 继续使用"横排文字工具"为画面中添加所需的文字,并使用线条和圆形对文字进行修饰,通过创建图层组对编辑的图层进行管理。

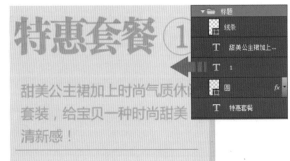

13 使用"矩形工具""钢笔工具"和"圆角矩形工具"绘制出所需的形状，接着使用"横排文字工具"为画面添加所需的文字，在图像窗口中可以看到编辑后的效果。

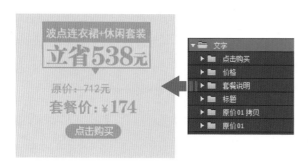

14 参考前面的绘制制作出另外一组色调的背景，接着将素材 12.jpg、13.jpg 添加到图像窗口中，接着将其抠选出来，利用图层蒙版和剪贴蒙版功能对抠取图像进行约束，并适当调整儿童图像的位置。

15 参考前面文字的编辑和设置，在第二组套餐的适当位置也添加所需的文字信息，适当调整文字和形状的颜色，使其与背景色调一致，并通过图层组对图层进行归类和整理，在图像窗口中可以看到编辑的效果。

16 按下快捷键 Ctrl+Alt+Shift+E，盖印可见图层，得到"图层 1"图层，将其转换为智能对象图层，执行"滤镜＞锐化＞USM 锐化"菜单命令，在打开的"USM 锐化"对话框中设置"数量"为 60%、"半径"选项为 1.0 像素、"阈值"为 1 色阶，确认设置后，在图像窗口中可以看到画面的细节更加清晰。本案例的制作完成。

技巧 **通过"半径"控制矩形的转角平滑度**

"圆角矩形工具" ▢ 可以绘制出带有平滑转角的矩形，并通过使用"半径"选项对圆角的程度进行控制。

8.4 详情——宝贝细节展示

是否能让顾客下订单，要看宝贝详情页面设计和安排得是否深入人心。商品实拍是基本的，它能让顾客明白这是商家的直销产品，质量是信得过的。宝贝详情页面的设计在整个网店装修中可谓重中之重，它基本可以决定该商品是否能成交。接下来就让我们一起来学习宝贝细节展示的设计。

8.4.1 设计要点

在单个宝贝页面的设计中，商品信息的编辑与设计尤为重要，再好的产品，没有漂亮的文案与精致的设计，也打动不了顾客的心。商品信息和商品图像通过设计排版，让宝贝详情页面更加美观，展示出更多的性能信息。

在宝贝描述页面中为了让顾客真实地体验到商品的实体效果，要设计出相应的"使用感受""尺码标示"和"宝贝细节"等相关的内容。由于宝贝详情页面各栏信息同属一个页面，因此在设计中要注意把握好画面整个的风格、色彩和修饰元素，必要的情况下要使用风格一致的标题栏来对每组信息进行分类显示，让顾客能够对所需要掌握的信息一目了然。如下图所示的宝贝详情页面中都使用了同一风格的标题，来对商品的每组信息进行分类。

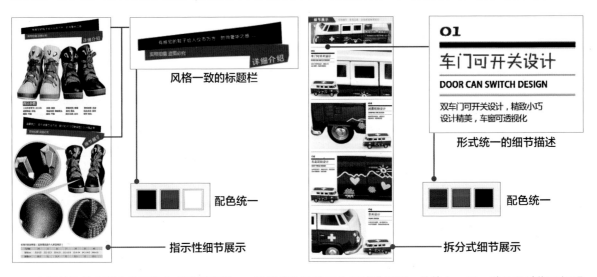

商品的细节主要分为两种方式进行表现，一种是将商品的各个区域进行逐一的放大，另一种是通过指示标明的方式来让商品的个别区域进行放大显示，具体的应用要根据商品特点来决定。值得注意的是，商品的规格、颜色、尺寸、库存等虽然很容易介绍清楚，但是设计不好会显得非常死板。因此，宝贝细节展示页面并不能盲目地设计，宝贝的描述第一部分先写什么，第二部分写什么，什么时候添加文字，什么时候插图，都要仔细研究和分析。

案例是为某品牌的女鞋设计的宝贝细节展示，在设计的过程中先将鞋子的整体形象展示出来，并通过详尽的数据说明女鞋的材质和特点，接着利用指示的表现方式将女鞋的部分区域放大，让顾客能够清晰地看到女鞋的局部，最后使用表格的方式对女鞋的尺码进行介绍，使得整个画面详尽而完美。

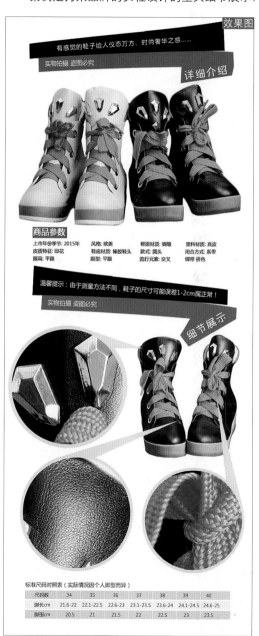

素 材	随书资源包\素材\08\14.jpg、15.jpg
源文件	随书资源包\源文件\08\指示性宝贝细节展示的设计.psd

■ 1．设计要点分析

本案例中所涉及的商品为时尚女鞋，因此在制作宝贝细节展示页面的过程中，只需将其最具有特点的几个细节突显出来，同时搭配上相应的详情和表格化的尺寸参照，完善商品的信息表现，让顾客能够全方位地对女鞋的形象进行勾画。

■ 2．配色分析

本案例中的女鞋配色和设计配色如下图所示，可以看到设计配色主要以灰度的色彩为主，而商品的配色是在灰度的色彩中加入了暖色调而创建的配色，这样的配色导致整个画面形成了无彩色与有彩色碰撞，表现出个性、刺激的视觉感受，能够体现出年轻人的活力和另类。

商品配色　　　　　**设计配色**

■ 3．案例步骤解析

01 启动 Photoshop CC 应用程序，新建一个文档，选择工具箱中的"钢笔工具"，绘制出所需的形状，分别填充上黑色和 R103、G103、B103 的颜色，无描边色，在图像窗口中可以看到编辑的效果。

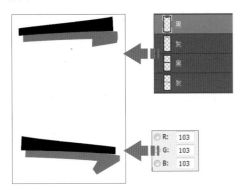

02 选择工具箱中的"横排文字工具"，在适当的位置单击，添加上所需的文字，接着对文字的字体、字号进行设置，调整文字的颜色为白色，并对文字的角度进行适当的旋转。

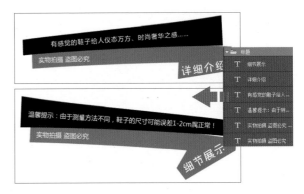

03 使用"矩形工具"绘制出所需的矩形，填充上适当的灰度色，接着使用"横排文字工具"在适当的位置单击，输入所需的文字，打开"字符"面板对文字的属性进行设置。

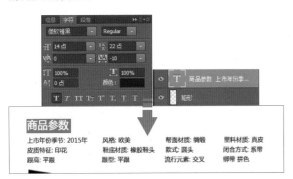

04 将鞋子图像素材 14.jpg 添加到图像窗口中，适当调整其大小和位置，接着使用"磁性套索工具"沿着鞋子的边缘创建选区，添加图层蒙版将鞋子抠选出来，在图像窗口中可以看到编辑的效果。

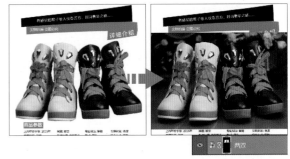

05 将另外一个鞋子图像素材 15.jpg 添加到图像窗口中，适当调整其大小和位置，参考上一步的方法，使用"磁性套索工具"沿着鞋子的边缘创建选区，添加图层蒙版将鞋子抠选出来，在图像窗口中可以看到编辑的效果。

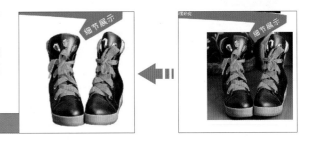

06 再次将鞋子素材添加到图像窗口中，使用"椭圆选框工具"创建圆形的选区，并通过创建的选区添加图层蒙版，对鞋子的显示进行控制，把鞋子的细节展示出来。

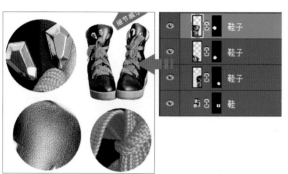

07 新建图层，命名为"气泡"，使用"钢笔工具"绘制出所需的指示形状，指示各个细节在鞋子的具体位置，填充上适当的颜色，在图像窗口中可以看到编辑后的效果。

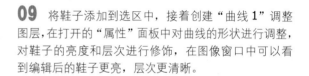

08 将画面中的鞋子添加到选区中，接着创建"色彩平衡 1"调整图层，在打开的"属性"面板中设置"中间调"选项下的色阶值分别为 -10、+12、+19，选择"色调"下拉列表中的"高光"，设置该选项下的色阶值分别为 +6、+3、+14，对鞋子的颜色进行细微的调整，避免由于偏色而造成顾客对鞋子的颜色理解错误。

09 将鞋子添加到选区中，接着创建"曲线 1"调整图层，在打开的"属性"面板中对曲线的形状进行调整，对鞋子的亮度和层次进行修饰，在图像窗口中可以看到编辑后的鞋子更亮，层次更清晰。

10 选择工具箱中的"矩形工具"，在图像窗口中单击并拖曳，绘制出所需的矩形条，分别为矩形填充上适当的颜色，无描边色，接着选择"横排文字工具"，在适当的位置单击，添加上所需的文字，打开"字符"面板对文字的属性进行设置，在图像窗口中可以看到编辑的效果。

11 继续使用"横排文字工具"为商品的尺码进行编辑，输入多组商品信息文字，打开"字符"面板对文字的颜色、字体和字号等进行调整，在图像窗口中可以看到编辑的效果。

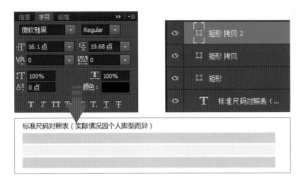

12 选择工具箱中的"矩形工具"，设置前景色为白色，使用该工具绘制出白色的矩形条，将每组信息分隔开，并对矩形条进行复制，放在适当的位置，在图像窗口中可以看到编辑的效果。

13 盖印可见图层，将得到的"图层1"转换为智能对象图层，使用"USM锐化"滤镜对画面进行锐化处理，让图像的细节更加清晰，在图像窗口中可以看到本案例最终的编辑效果。

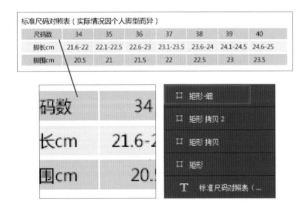

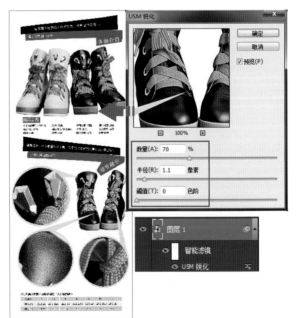

技巧 **绘制细长的矩形**

　　将矩形的"宽度"或者"高度"设置为较小的像素值，即可绘制出细长的矩形条。

本案例是为某品牌的玩具车设计的宝贝细节展示，为了让顾客能够清晰地看到玩具车各个区域的细节，在设

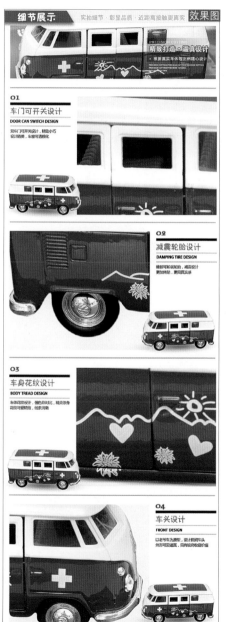

计的过程中将玩具车拆分为四个部分进行逐一展示，同时使用简单、总结性的文字对玩具车该部分的设计特点进行说明，整个画面采用错位的布局形成视觉上的引导，同时简单的配色也让玩具车能够重点突出。

素 材　随书资源包 \ 素材 \08\16.jpg
源文件　随书资源包 \ 源文件 \08\ 拆分式宝贝细节展示的设计 .psd

■ 1.设计要点分析

本案例设计的宝贝细节展示对象为仿真玩具车，在设计的过程中，把玩具车拆分为四个不同的部位，将玩具车从头到尾进行了逐一展示，并通过精简的文字对玩具车各个部位的特点进行了说明，及时地消除顾客对于该区域的困惑，加深顾客对商品细节的了解。而拆分的每个细节的下方位置都以小面积的方式把玩具车的整体形象进行了展示，巩固商品在顾客心中的印象，有助于提高顾客的兴趣，从而达到提升商品销售量的目的。

■ 2.配色分析

在本案例的配色中，从色相的选择来说，主要使用了红色和黑色，分别将红色和黑色进行明度上的细微变化，扩展出与之相近的色彩，让画面的层次得以清晰。而红色又是强有力的色彩，是热烈和冲动的色彩，设计时让整个画面中的文本和形状沿用商品的配色，使得整个画面的配色协调而统一，具有高度的一致感，能反复地强化玩具车的形象表现。

■ 3. 案例步骤解析

01 启动 Photoshop CC 应用程序，新建一个文档，使用"矩形工具"绘制所需的矩形，作为标题背景，接着使用"钢笔工具"绘制梯形，填充上适当的颜色，并使用"投影"对其进行修饰。

02 选择工具箱中的"横排文字工具"，在适当的位置单击并输入所需的内容，接着打开"字符"面板对文字的颜色、字体和字号等属性进行设置，在图像窗口中可以看到编辑的效果。

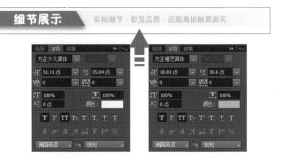

03 将玩具车图像素材 **16.jpg** 添加到图像窗口中，适当调整玩具车素材的大小和位置，接着使用"矩形选框工具"创建矩形的选区，以选区为标准添加图层蒙版，对玩具车的显示进行控制。

04 将小车图像添加到选区中，为选区创建"色阶 1"和"亮度 / 对比度 1"调整图层，在相应的"属性"面板中对参数进行设置，提亮玩具车图像的影调和层次，在图像窗口中可以看到编辑的效果。

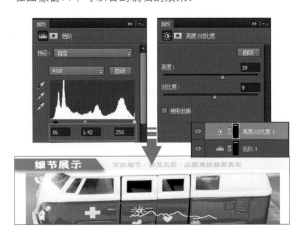

05 使用"矩形工具"绘制出所需的矩形，并调整图层"不透明度"为 **30%**，接着为矩形添加上图层蒙版，使用"渐变工具"对图层蒙版进行编辑，在图像窗口中可以看到编辑的效果。

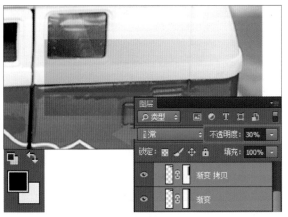

06 使用"横排文字工具"为画面添加上所需的文字，对文字的大小、位置和对齐方式进行调整，并使用"描边"样式对部分文字进行修饰，在图像窗口中可以看到编辑的效果。

07 将玩具车素材添加到图像窗口中，使用"钢笔工具"沿着玩具车的边缘绘制路径，接着把路径转换为选区，以选区为标准创建图层蒙版，把玩具车抠选出来，在图像窗口中可以看到编辑的效果。

08 将玩具车图像添加到选区中，为选区创建"色阶2"调整图层，在打开的"属性"面板中依次拖曳 RGB 选项下的色阶值分别为 12、1.44、203，将玩具车调亮，并在其下方绘制出阴影效果。

09 对编辑的玩具车的图层进行复制，将其合并在一个图层中，接着把复制的玩具车放在画面适当的位置，部分进行水平翻转处理，在图像窗口中可以看到编辑的效果。

10 选择工具箱中的"矩形工具"，在图像窗口中单击并拖曳，绘制出所需的矩形条，接着为绘制的矩形填充上所需的颜色，并使用图层组对编辑的图层进行管理，在图像窗口中可以看到编辑的效果。

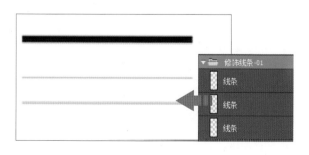

11 按下快捷键 Ctrl+J，对绘制的线条图层组进行复制，放在页面上每个玩具车的附近位置，在图像窗口中可以看到编辑的效果。

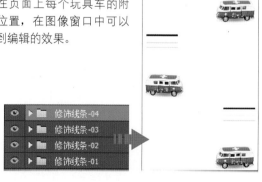

12 使用"矩形工具"绘制出较长的矩形条，设置矩形条的颜色为一定程度的灰色，对绘制的矩形条进行复制，利用矩形条将每组信息分割开，在图像窗口中可以看到编辑的效果。

13 使用"横排文字工具"在适当的位置单击，添加上所需的文字，对添加的文字进行字体、字号和颜色的设置，放在绘制线条的适当位置，并参照这种设置制作出其余几组文字信息。

14 再次将玩具车图像拖曳到图像窗口中，适当调整其大小，使用"矩形选框工具"创建选区，添加图层蒙版，对其显示进行控制，展示出玩具车的细节，在图像窗口中可以看到编辑的效果。

15 参考前面的编辑方法，将其余的玩具车的细节制作出来，放在相应的位置，并使用"色阶"调整图层对细节的亮度进行修饰，其具体参数值与步骤 08 设置相同。

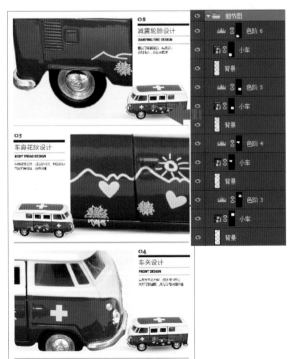

16 按下快捷键 Ctrl+Alt+Shift+E，盖印可见图层，得到"图层 1"图层，将其转换为智能对象图层，执行"滤镜＞锐化＞ USM 锐化"菜单命令，在打开的"USM锐化"对话框中设置"数量"为 100%，"半径"为 1.1 像素，"阈值"为 0 色阶，确认设置后，在图像窗口中可以看到玩具车的细节更加清晰。本案例制作完成。

妙招　教你打造最佳的宝贝详情页面的信息顺序

面对越来越挑剔的顾客，店家只有从细节上下足功夫，才能吸引顾客的注意力，这些细节中最重要的莫过于宝贝详情页面了。那么，怎样的宝贝详情页面才算是优秀的呢？在设计宝贝详情页面时需要怎样调整信息的顺序才能让顾客更容易接受呢？接下来让我们一起学习如何打造最佳的详情页面的信息顺序。

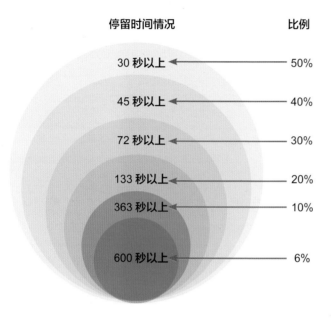

宝贝详情页面在装修中至关重要，详情页面中的主图就相当于人的脸面，详情页面的图片、文字、媒体等就是这款商品的简历，整个详情页面就如同一个商铺，是由浏览转化为购买的一个重要平台，同时详情页面也是展示详细产品、品牌魅力进而赢得老客户的重要途径。

通过对多个顾客进行调查，可以看到顾客在该页面中停留时间的情况，如左图所示，从这些数据可以看出，想要宝贝详情页面中的大部分信息被顾客浏览，就要特别注意详情页面的内容多少和编排顺序，力求在最短的时间内传递出最多的商品信息，提高店铺的转化率。

要打造出优秀的宝贝详情页面，就要对详情页面中所包含的信息进行梳理。宝贝详情页面是给顾客看的，其中的内容就要以顾客的需求来进行安排，那么哪些信息是顾客所需要的呢？具体如下图所示。

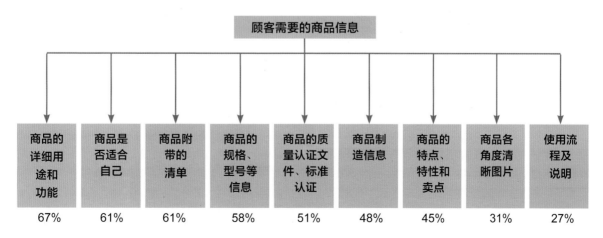

对顾客所需要的商品信息有一定的了解之后，我们就可以根据这些信息，再搭配上店铺相关的销售和品牌等内容，一起来设计宝贝详情页面，宝贝详情页面的最佳顺序如下图所示。

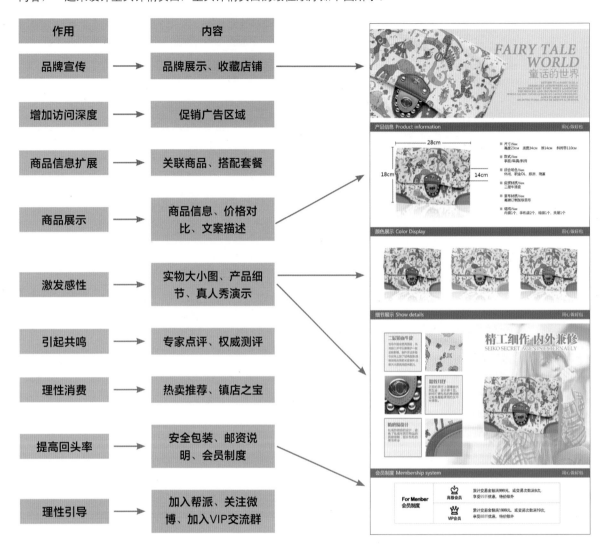

上述的信息顺序是宝贝详情页面的最佳排列方式，但是在实际装修时，除了要考虑信息的排列顺序以外，还要考虑到详情页面篇幅长短的问题，不一定会将所有的信息都设计到其中，而是把店家认为较重要的，或者是与商品关系密切的信息添加到详情页面中。此外，在考虑信息排序的时候，还要考虑到顾客浏览的时间和耐心。如果强硬地将这些信息都全部添加到商品的详情页面中，有可能会出现信息过多而导致显示过慢，或者阅读量太大让顾客失去了解的兴趣。所以适当地对宝贝详情页面的信息进行规划，是设计好该页面的根本，也是提高转化率的有力武器。

第9章 第一印象——网店首页整体装修

网店首页的装修效果会影响顾客对于这个店铺的第一印象，它是店铺的门面，也是店铺的形象。网店首页中所包含的内容很多，如店招、导航、客服、收藏区等，如何将这些内容融入同一个画面中，是非常考验设计者创意的。本章将对三种不同类型商品的网店首页进行设计，从不同的设计角度出发，打造出风格和布局都各具特色的网店首页装修效果，教会读者掌握不同商品的网店首页装修技巧。

本章重点

● 饰品店铺

● 女装店铺

● 相机店铺

9.1 饰品店铺首页装修设计

本案例是为民族饰品所设计的网店首页，在设计中以素材的风格为基础，将画面打造出水墨风格的效果，表现出一股浓浓的古典韵味。

■ 1. 技术制作要点

● 使用"图层混合模式"将背景中的水墨叠加到纯色的背景中，并利用"不透明度"来控制其显示效果。

● 用"钢笔工具"在饰品的边缘创建路径，将创建的路径转换为选区，利用选区创建图层蒙版，抠取饰品图像。

● 使用"横排文字工具"或者"直排文字工具"为画面添加所需的文本信息，通过"字符"面板对文本属性进行设置。

● 利用"剪贴蒙版"功能对饰品素材的显示进行修饰，使其边缘呈现出毛笔绘制的效果，增添商品的表现力和设计感。

素　材　随书资源包 \ 素材 \09\01.jpg ～ 10.jpg，11.psd

源文件　随书资源包 \ 源文件 \09\ 饰品店铺首页装修设计 .psd

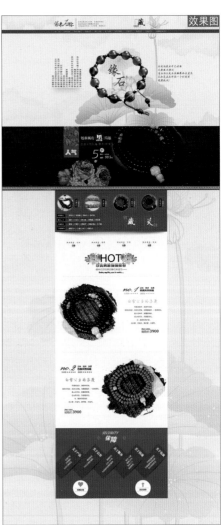

■ 2．灵感来源

观察本案例中的素材照片，可以发现这些饰品的风格都表现出了浓郁的中国古典韵味，有鲜明的中国少数民族的特点。由此，我们展开联想，在设计中将水墨这种带有独特视觉效果的元素融入网店的首页中。

在首页背景的制作中，选择了荷花这种品质纯净高尚的植物来进行修饰，使其与饰品通透的特点相互辉映，更加切入主题，具体如下图所示。

 中国古典韵味

分析饰品照片的风格　　　　　　　联想到水墨画风格　　　　首页水墨风格背景

确定页面背景的风格后，根据水墨的特点，在首页的文字、饰品边缘处理和素材的编辑过程中，都将水墨的元素表现得淋漓尽致，使得画面风格统一、和谐，具体设计效果如右图所示。

■ 3．配色分析

根据确定的水墨风格，在首页的配色中，选择了接近宣纸的颜色作为背景主要的色彩，搭配上与水墨印章相似的红色进行点缀。虽然红色没有印章的色彩浓艳，但是降低其纯度之后，能够给人一定的朴实感，在迎合画面中背景色调的同时，使得画面中的元素主次分明，让整个画面的色调和谐、统一，不会存在色彩上的违和感，具体配色如下。

■ 4．视觉引导线

在本例的布局设计中，由于首页的信息较为丰富，为了让顾客的视线停留在兴趣点上，布局中使用了曲线来对视线进行引导，将顾客感兴趣的商品放在曲线上，使其呈现出 S 形，让整个画面不会因为众多的商品信息而显得呆板、单一，体现出较强的设计感，具体如右图所示。

9.1.1　制作背景确定设计风格

在画面的背景中添加上水墨样式的荷花，通过图层混合模式将其与背景融合在一起，利用背景色和荷花确定画面的风格，接着添加手写体的文字来制作出店招和导航，具体制作方法如下。

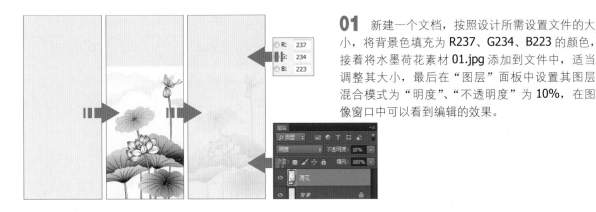

01　新建一个文档，按照设计所需设置文件的大小，将背景色填充为 **R237、G234、B223** 的颜色，接着将水墨荷花素材 **01.jpg** 添加到文件中，适当调整其大小，最后在"图层"面板中设置其图层混合模式为"明度"、"不透明度"为 **10%**，在图像窗口中可以看到编辑的效果。

02　使用"矩形工具"在画面的顶端适当位置绘制矩形条，将其作为导航的背景，接着使用"横排文字工具"在适当的位置单击，输入导航上的文字，打开"字符"面板对文字的属性进行设置，并使用"投影"样式对文字进行修饰。

03　选择工具箱中的"横排文字工具"，在画面的最顶端添加上网店的名称和相关的文字信息，调整文字的大小和位置，并为文字设置不同的填充色，在图像窗口中可以看到编辑的效果。

04　使用"矩形工具"绘制出所需的线条，通过"横排文字工具"为收藏区域添加文字，最后创建图层组对图层进行管理。

9.1.2 抠取饰品制作欢迎模块

使用"钢笔工具"抠取饰品,并通过"亮度/对比度"调整图层来对其层次和明亮度进行修饰,让饰品呈现出通透的感觉,最后添加段落文字,利用手写字体营造出古典的韵味。

01 将水墨荷花素材 01.jpg 再次添加到文件中,设置其"图层混合模式"为"明度"、"不透明度"为30%,让荷花与背景的颜色融合在一起,在图像窗口中可以看到编辑的效果。

02 执行"文件>置入"菜单命令,在打开的"置入"对话框中选择饰品图像素材 02.jpg,将其添加到文件中,使其变成智能对象图层,适当调整饰品素材的大小和位置。

03 选择工具箱中的"钢笔工具",搭配"删除锚点工具""添加锚点工具"等路径编辑工具,沿着饰品的边缘绘制路径,通过对路径进行加减,将饰品包围在绘制的路径中。

04 打开"路径"面板,单击面板下方的"将路径作为选区载入"按钮,将绘制的路径转换为选区,并为饰品图层添加图层蒙版,把饰品从素材中抠取出来,在图像窗口中可以看到编辑的效果。

05 按住 **Ctrl** 键的同时单击饰品图层的蒙版缩览图，将饰品添加到选区中，为其创建"亮度 / 对比度 1"调整图层，设置"亮度"为 **23**，"对比度"为 **17**，对饰品的层次和亮度进行调整。

06 选择工具箱中的"横排文字工具"，在饰品的中间位置单击，输入所需的文字，并打开"字符"面板对文字的字体、字号、颜色等进行设置，在图像窗口中可以看到编辑的效果。

07 使用"横排文字工具"和"直排文字工具"在画面中适当的位置单击，输入所需的段落文字，打开"字符"和"段落"面板，分别对每组文字的字体、字号、颜色、字间距和对齐方式等属性进行设置，在图像窗口中可以看到两组段落文字编辑的效果。

08 创建图层组，命名为"欢迎模块"，将编辑的图层拖曳到其中，便于管理和归类，接着使用"移动工具"对欢迎模块中的元素进行细微的调整，完善其编辑效果，在图像窗口中可以看到欢迎模块的制作效果。

9.1.3 明度较暗的二级海报

二级海报位于欢迎模块的下方，是网店首页中较为重要的部分，本案例中将店铺中的人气商品放置在其中，利用与欢迎模块较大的明度差距来让整个首页呈现出层次感，其制作的具体步骤如下。

01 将木制纹理和屋檐素材 03.jpg、04.jpg 添加到图像窗口中，按下快捷键 Ctrl+T，利用自由变换框对素材的大小和位置进行调整，制作出二级海报的背景，在图像窗口中可以看到编辑的效果。

02 使用"矩形工具"绘制出一个矩形，填充上适当的颜色，接着使用"横排文字工具"在适当的位置输入"人气"，打开"字符"面板对文字的属性进行设置，在图像窗口中可以看到编辑的效果。

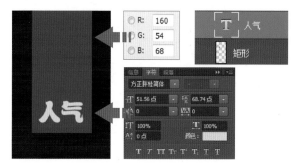

03 将花纹素材 05.jpg 添加到文件中，适当调整其大小和位置，接着使用"椭圆选框工具"创建选区，为该素材的图层添加图层蒙版，对花纹的显示进行控制，在图像窗口中可以看到编辑的效果。

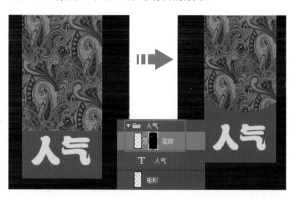

04 选择工具箱中的"横排文字工具"，在二级海报的适当位置单击并输入所需的文字，在"字符"面板中设置文字的属性，在这里可以参阅本案例的源文件来进行编辑，在图像窗口中可以看到编辑的效果。

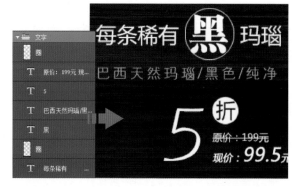

（技巧）**绘制正圆形选区**

在使用"椭圆选框工具"的过程中，按住 Shift 键的同时使用该工具，可以创建出正圆形的选区。

05 将黑色玛瑙素材 06.jpg 添加到文件中，适当地调整其大小，接着为其图层添加上白色的图层蒙版，使用"画笔工具"对蒙版进行编辑，只显示出饰品的部分，让饰品的表现更加自然。

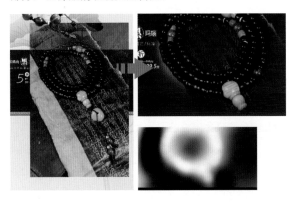

06 将花朵素材 07.jpg 添加到图像窗口中，适当调整其大小、位置和角度，接着选择工具箱中的"魔棒工具"，在其工具选项栏中设置"容差"为 20，用该工具在白色的部分单击，将素材中的白色区域选中。

07 将素材的白色区域选中后，执行"选择＞反向"菜单命令，对创建的选区进行反选，以选区为标准创建图层蒙版，最后再用"矩形选框工具"对图层蒙版的局部进行编辑。

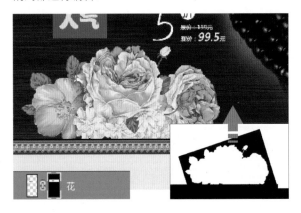

08 在"图层"面板中设置花朵素材的图层混合模式为"点光"、"不透明度"为 70%，使其与背景中的木制纹理融合在一起，在图像窗口中可以看到编辑的效果。

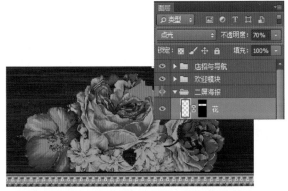

09 在图像窗口中使用"移动工具"对设计的各个元素进行细微的调整和移动，完成微调后，使用图层组对图层进行管理，在图像窗口中可以看到二级海报编辑的效果。

9.1.4 使用分类栏引导购物

分类栏可以让顾客快速对店铺中的商品有大致的了解。本案例中使用饰品图片来对不同类型的饰品进行修饰，利用饰品的分类给人直观的感受，并通过虚线的修饰让该区域看起来更加的精致，具体的制作方法如下。

01 新建"背景"图层，选择"矩形选框工具"创建选区，为选区填充合适的颜色，具体颜色值为 R159、G54、B68。新建"投影"图层，并使用黑色的"画笔工具"进行涂抹，绘制出矩形的投影。

02 使用"矩形工具"绘制出黑色的矩形，再使用"直排文字工具"在适当的位置单击，输入所需的直排文字，打开"字符"面板对文字的属性进行设置，在图像窗口中可以看到编辑的效果。

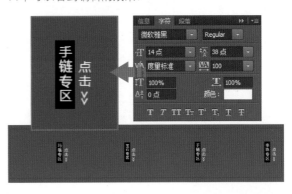

03 创建椭圆和折线路径，使用"横排文字工具"在创建的路径上输入所需的内容，制作出虚线的效果，最后将多余的路径删除，并将路径文字图层栅格化，对绘制的圆形和折线的虚线进行复制，放在适当的位置。

04 将饰品图像素材 02.jpg、08.jpg、09.jpg、10.jpg 添加到图像窗口中，适当调整其大小，使用"椭圆选框工具"创建圆形的选区，以选区为标准为图层添加图层蒙版，对饰品素材的显示进行控制，在图像窗口中可以看到编辑后的饰品素材的效果。

05 制作出带有虚线的田字格，接着使用"横排文字工具"在适当的位置单击,输入所需的文字,打开"字符"面板对文字的属性进行设置，最后利用"投影"样式对文字进行修饰。

06 另外输入所需的文字,打开"字符"面板设置文字的属性，并将文字放在适当的位置上，在"图层"面板中设置其"不透明度"为 **50%**，在图像窗口中可以看到编辑的效果。

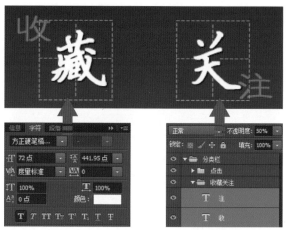

07 使用"画笔工具""矩形工具"和"橡皮擦工具"绘制出所需的阴影和黑色色块，适当调整其编辑的效果，将其作为商品分类的背景，在图像窗口中可以看到编辑的效果。

08 选择工具箱中的"横排文字工具"，在适当的位置单击并输入所需的文本内容，打开"字符"面板对文字的属性进行设置，并利用"投影"样式增强文字的表现力，在图像窗口中可以看到编辑的效果。

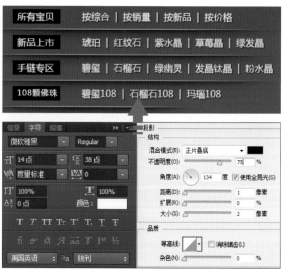

推荐款区域包含了客服、标题和主打商品展示等内容，这些内容信息较多，在制作中我们使用错落的方式来对其进行布局，使其呈现出曲线的视觉引导效果，其具体的制作方法如下。

01 新建图层,命名为"背景",使用"矩形选框工具"创建矩形的选区，接着设置前景色为 R255、G255、B255 的颜色，按下快捷键 Alt+Delete 为选区填充上适当的颜色，作为主打商品区域的背景。

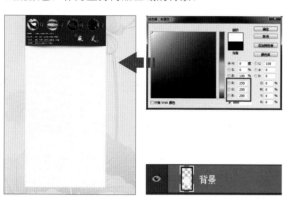

02 参考前面绘制圆形虚线的方式，绘制出另外的圆形虚线，并为其添加上所需的文字、旺旺头像和线条，制作客服区的内容，在图像窗口中可以看到编辑后的效果。

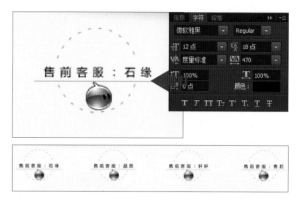

03 选择工具箱中的"横排文字工具"，在适当的位置单击，输入所需的文字，打开"字符"面板对文字的属性进行设置，并使用"渐变叠加"修饰文字，在图像窗口中可以看到编辑的效果。

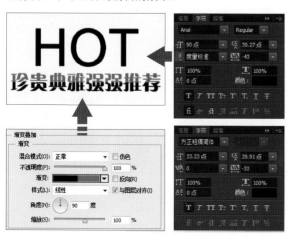

04 选择工具箱中的"横排文字工具"，在适当的位置单击，再次输入所需的文字，打开"字符"面板对文字的属性进行设置，调整文字的位置和大小，在图像窗口中可以看到编辑后的效果。

05 将花朵素材 **07.jpg** 添加到图像窗口中，对其进行水平翻转，放在适当的位置上，设置其混合模式为"正片叠底"，对添加的文字进行修饰。

06 选择工具箱中的"横排文字工具"，在适当的位置单击，输入所需的商品介绍、价格等信息文字，打开"字符"面板对文字的属性进行设置。

07 使用"画笔工具"绘制出水墨的背景，使其边缘呈现出毛糙的感觉，接着将饰品素材 **06.jpg** 添加到图像窗口中，通过创建剪贴蒙版控制图像的显示，在图像窗口中可以看到编辑的效果。

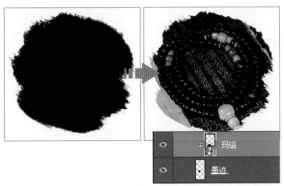

08 将饰品图像加载到选区，创建"色阶 1"调整图层，在打开的"属性"面板中设置 RGB 选项下的色阶值分别为 0、1.42、210，对饰品图像的明暗进行调整，在图像窗口中可以看到编辑的效果。

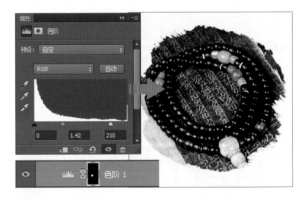

09 参考前面的编辑方法，使用"横排文字工具"输入所需的文字，接着绘制出另外一个水墨，利用剪切蒙版对饰品的显示进行控制，并使用"色阶"调整图层对其亮度和层次进行调整，在图像窗口中可以看到编辑的效果。

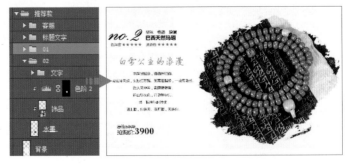

9.1.6 补充内容完善首页信息表现

在首页画面的底部，添加与发货、售后、服务等相关的信息，这些信息可以增加顾客的信任感。参考前面的曲线引导设计，这里我们将信息设计为倾斜的效果，给予画面一定的动感，其具体的制作方法如下。

01 使用"矩形工具"绘制出所需的矩形，填充上适当的颜色，作为首页补充信息的底色，接着使用"画笔工具"绘制出矩形下方的阴影，在图像窗口中可以看到编辑的效果。

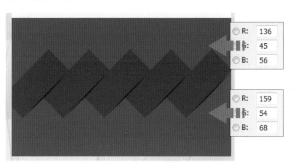

02 选择工具箱中的"横排文字工具"，在适当的位置单击，输入所需的文字，打开"字符"面板对文字的属性进行设置，并适当调整文字的角度，在图像窗口中可以看到编辑的效果。

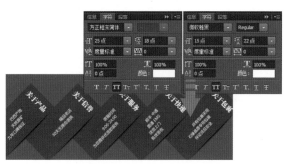

03 使用"椭圆工具"绘制圆形，接着使用"钢笔工具"绘制心形和箭头，再使用"横排文字工具"添加所需的文字，打开"字符"面板设置文字的属性，在图像窗口中可以看到编辑的效果。

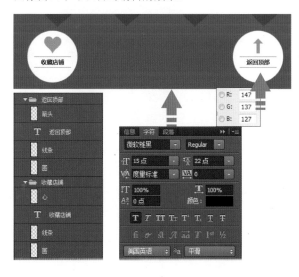

04 使用"钢笔工具"绘制"保障"的字样，接着使用"横排文字工具"添加所需的文字，打开"字符"面板设置文字的属性，在图像窗口中可以看到编辑的效果，完成本案例的制作。

9.2 女装店铺首页装修设计

本案例是为女装店铺设计的网店首页,画面色调呈怀旧色,流露出一股复古的时尚韵味。此外,主要用矩形的元素来进行棋盘式布局,将众多的图像集合为视觉上的一个整体,具有很强的统一感。

■ 1. 技术制作要点

● 利用"画笔工具"中的"柔边圆"对图层蒙版进行编辑,制作出欢迎模块中的图像。

● 使用"横排文字工具"输入所需的文字,变化字体来增强文字的设计感。

● 通过"图层混合模式"的使用,将模特照片与背景融合在一起。

● 利用"剪贴蒙版"功能对模特照片的显示进行修饰,使其边缘呈现出规则的矩形效果。

● 使用"矩形工具"绘制出画面中所需的矩形,并在该工具的选项栏中对绘制的矩形的颜色进行设置。

| 素 材 | 随书资源包 \ 素材 \09\12.jpg ~ 16.jpg, 11.psd |
| 源文件 | 随书资源包 \ 源文件 \09\ 女装店铺首页装修设计 .psd |

■ 2．配色分析

　　观察本案例中的五张模特素材照片，可以发现其中大部分的色彩为怀旧的复古色，并且模特的服装颜色纯度较低，偏向于中性色，因此我们选择其中最具代表性的一张来对其进行配色分析，将照片中所包含的颜色提取出来。

　　利用照片中提取的颜色对首页中的元素进行颜色搭配，主色调仍然为怀旧色，为了突显两组不同的服装，分别添加了橡皮红和尼罗蓝来进行点缀，因为这两种颜色的明度适中、纯度不高，与整个画面的搭配起来比较和谐，具体如下图所示。

案例设计中的素材大部分的色调为怀旧色彩，呈现出一股复古的韵味

选定一张进行配色分析

首页装修配色分析

■ 3．布局分析

　　在本案例的布局中，所有组成元素的外观基本都是矩形，这样的设计会让画面的整齐感增强，变得非常的规整。同时在布局设计中通过多种不同面积、数量的矩形的编排，使其呈现出多样化的视觉效果，类似于棋盘式的布局，具体如右图所示。不同区域采用不同的布局，消除了画面沉闷、呆板的弊端，表现出一种稳定感。

　　案例中的布局在一个区域中放置了多张模特的照片，把女装的信息一次性地呈现在顾客眼前，将众多的图像集中在一个整体上，从而形成一种统一感，并且将视觉的重力感分散开。通过大图与小图的合理搭配，让布局符合力学的原理，表现出强烈的视觉空间感和重量感，对女装的主次表现有非常重要的推动作用。

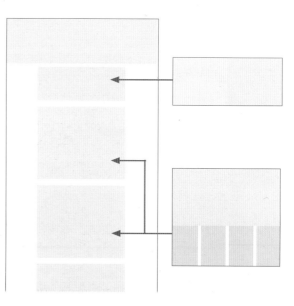

为了让画面呈现出复古的色调，在画面的背景中使用了偏黄的单色来对背景进行填充，通过单一颜色的形状和文字的添加，让店招和导航的内容显得简约而大气，其具体的制作如下。

01 新建一个文档，将文件的背景色填充上 R252、G244、B230 的颜色，接着使用"矩形工具"在画面的顶端绘制矩形，填充上 R255、G242、B221 的颜色，在图像窗口中可以看到编辑的效果。

02 使用"矩形工具"绘制出导航的背景，填充上 R97、B62、B8 的颜色，接着使用"横排文字工具"在适当位置单击，为导航添加上所需的文字，打开"字符"面板对文字的属性进行设置。

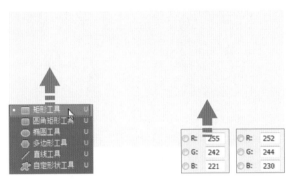

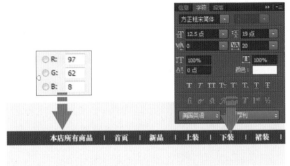

03 使用"横排文字工具"在画面的顶部输入文字，制作出店招，打开"字符"面板对两组文字的字体、大小和颜色等进行设置，在图像窗口中可以看到编辑后的效果。

04 选择"自定形状工具"，在其选项栏中选择"花1"形状，绘制出花朵的形状，放在文字上，并设置"不透明度"为 70%，完成店铺徽标的制作，在图像窗口中可以看到编辑的效果。

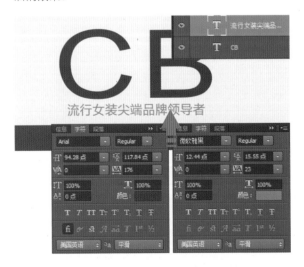

05 使用"横排文字工具"在适当的位置添加上所需的文字，接着打开"字符"面板对文字的字体、颜色和字号等进行设置，把文字放在导航右上方，接着对前面绘制的花朵形状进行复制，适当调整其大小和图层顺序，设置图层"不透明度"为30%，在图像窗口中可以看到编辑后的效果。

06 使用"圆角矩形工具"绘制出搜索栏的大致外形，接着用"自定形状工具"绘制出放大镜的形状，再使用"横排文字工具"为搜索栏添加上所需的文字，制作出搜索栏，在图像窗口中可以看到编辑的效果。

9.2.2 图层蒙版制作溶图

利用简单的文字和图片组合的方式完成欢迎模块的设计，通过"图层蒙版"来让模特图片与欢迎模块的背景自然地合成在一起，其具体的制作步骤如下。

01 选择工具箱中的"矩形工具"，在适当的位置单击并拖曳，绘制一个矩形，设置其填充色为R217、G198、B173，将其作为欢迎模块的背景，在图像窗口中可以看到编辑的效果。

02 将模特图像素材12.jpg添加到图像窗口中，适当调整其大小和位置，为该图层添加图层蒙版，使用"画笔工具"对蒙版进行编辑，将照片与背景合成在一起，在图像窗口中可以看到编辑的效果。

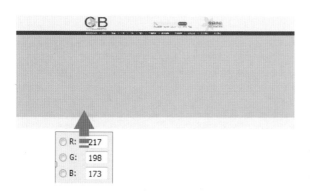

03 将欢迎模块的背景矩形添加到选区中，为选区创建"色阶1"调整图层，在打开的"属性"面板中设置RGB选项下的色阶值分别为0、1.00、247，对欢迎模块中的图像进行亮度的调整。

04 选择"横排文字工具"，在欢迎模块的左侧单击，输入所需的文字，接着打开"字符"面板对文字的属性进行设置，丰富欢迎模块中的信息，在图像窗口中可以看到编辑后的效果。

05 将文字拖曳到创建的图层组中，为图层组应用"投影"图层样式，在相应的选项卡中对选项进行设置，完成欢迎模块的制作，在图像窗口中可以看到编辑后的效果。

9.2.3 简易色块组成的分类栏

　　本案例中的布局基本为矩形，在分类栏中，先对多个矩形进行设计，接着将矩形拼接在一起，使其形成完整的分类区域效果，利用色彩和内容上的对比来协调画面，其具体的制作步骤如下。

01 绘制一个矩形，将模特图片 **13.jpg** 添加到文件中，适当调整其大小，通过创建剪贴蒙版的方式对照片的显示进行控制，接着创建"色阶2"调整图层，设置RGB选项下的色阶值分别为0、1.15、234，对模特照片的亮度进行调整，在图像窗口中可以看到编辑后的效果。

02 使用"钢笔工具"绘制聊天气泡，接着输入所需的文字，并使用"投影"样式对文字进行修饰，将文字放在模特图片的周围。

03 使用"矩形工具"绘制另外一个矩形，使用"横排文字工具"在适当的位置添加文字，制作出分类栏中的另外一个组成内容。

04 参考前面的制作方法，制作出分类栏中的其余组成内容，对绘制的对象进行拼接，完善每个方框中的信息，在图像窗口中可以看到编辑后的效果。

9.2.4　制作简约风格的女装展示

　　女装展示区域主要分为小海报和单品展示两个部分，这两个部分使用了不同的色彩进行区分，让顾客产生不同的感受，通过相似的元素和不同的色彩来呈现网店中的商品内容，其具体的制作步骤如下。

01 选择工具箱中的"横排文字工具"，在分类栏的下方位置单击，输入所需的内容，接着打开"字符"面板对文字的属性进行设置，再通过"矩形工具"绘制出矩形对文字进行修饰，在图像窗口中可以看到编辑的效果。

02 再次使用选择工具箱中的"横排文字工具"，输入所需的段落文字，接着打开"字符"面板对文字的属性进行设置，并适当调整段落文字的对齐方式，再通过"矩形工具"绘制出矩形条对文字进行修饰，在图像窗口中可以看到编辑的效果。

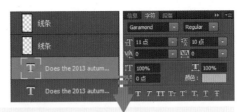

03 使用"矩形工具"绘制出所需的矩形，接着通过"横排文字工具"在适当的位置添加不同的信息文字，调整文字的大小和位置，制作出首页所需的标题栏。

04 使用"矩形工具"绘制出矩形，填充上 R247、G235、B223 的颜色，接着为文件添加模特图像素材 **15.jpg** 模特图像，使用"渐变工具"对其蒙版进行编辑，让模特照片与矩形自然地合成在一起。

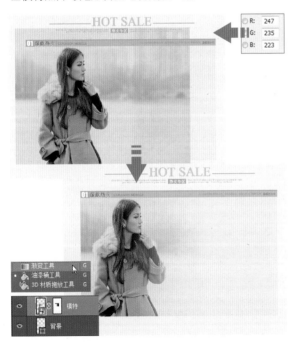

05 参考上一步中的编辑方法，再次将模特图像添加到文件中，使两个模特形成一种镜像的效果，并适当调整照片的大小，利用图层蒙版对照片的显示进行控制，在图像窗口中可以看到编辑的效果。

技巧 设置蒙版属性

双击图层蒙版的缩览图，可以打开"蒙版"属性面板，在其中可以对蒙版边缘的羽化和不透明度等属性进行设置。

06 使用"横排文字工具"和"矩形工具"为画面添加文字和修饰的形状,调整各组文字的属性,并使用"投影"样式对部分文字进行修饰,在图像窗口中可以看到编辑后的效果。

07 将模特图像素材 **16.jpg** 添加到文件中,通过创建剪贴蒙版对其显示进行控制,接着绘制出矩形,在矩形内添加文字,适当调整文字的属性,将编辑后的图层拖曳到创建的图层组中。

08 对绘制完成的商品展示图层组进行复制,选择"移动工具"将这些图层组选中,利用选项栏中的对齐和分布功能对这些图片的位置进行调整,在图像窗口中可以看到编辑的效果。

09 将蓝色模特图像添加到选区中,创建"色阶3"调整图层,在打开的"属性"面板中设置 RGB 选项下的色阶值分别为 0、1.00、232,对模特图片的亮度进行调整。

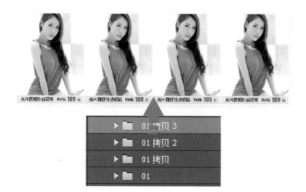

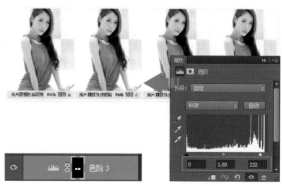

10 将蓝色模特图像添加到选区中，创建"色相/饱和度 1"调整图层，在打开的"属性"面板中设置"青色"选项下的"色相"为 +180，"饱和度"为 -59，"明度"选项为 +29。

11 参考前面的绘制方法，将另外的模特照片添加到文件中，参照前面的布局对画面进行制作，完成标题文字、标题栏和商品陈列画面，在图像窗口中可以看到编辑的效果，完成商品展示区的制作。

9.2.5 利用客服区提升首页服务品质

客服区是网店首页中必不可少的一部分，在这里我们使用文字和旺旺头像组合的方式，制作出简约的客服区效果，未经修饰的设计元素让主要的信息表现得更加突出，其具体的制作如下。

01 使用"矩形工具"绘制出两个大小不一的矩形，作为客服区的背景，分别为其填充上白色和 R224、G204、B180 的颜色，适当调整两个矩形的位置，放在画面的底部。

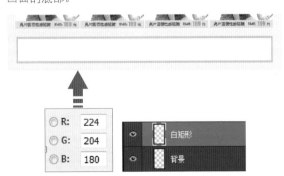

02 将旺旺头像素材 11.psd 添加到文件中，适当调整其大小，放在合适的位置，接着输入客服的名字，打开"字符"面板设置文字的属性，使用图层组对编辑的图层进行归类和整理。

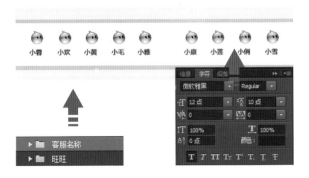

03 选择工具箱中的"横排文字工具"在客服区适当的位置单击，添加所需的文字，并绘制出所需的虚线，对文字进行修饰，在图像窗口中可以看到编辑的效果。

04 使用"矩形工具"绘制出所需的矩形，用"钢笔工具"绘制出箭头的形状，接着利用"横排文字工具"在适当的位置添加文字，在图像窗口中可以看到编辑后的效果。

05 对前面绘制的徽标图层组进行复制，将其放在绘制的矩形条上，适当调整徽标的大小，为其应用白色的"颜色叠加"样式，在图像窗口中可以看到编辑后的效果。

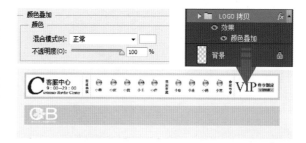

06 选择工具箱中的"横排文字工具"，在画面末端的矩形右侧添加所需的文字，打开"字符"面板对文字的属性进行设置，接着使用"钢笔工具"绘制出三角形的形状，设置所需的填充色，放在适当的位置，在图像窗口中可以看到编辑后的效果。

 更改部分文字效果

　　在图像窗口中输入文字之后，如果想要对文本图层中的个别文字进行单独的处理，可以使用"文字工具"将部分文字选中，然后在"字符"面板中调整选中文字的属性。

9.2.6 调色和锐化整个页面

如果对页面中的色彩不满意，可以通过最后的整体调色来进行修饰，这里我们使用了"色彩平衡"来对画面中的不同明暗区域的色调进行微调，并利用"USM 锐化"滤镜让画面中的细节变得清晰，其具体制作方法如下。

01 单击"调整"面板中的"色彩平衡"按钮，创建"色彩平衡 1"调整图层，在打开的"属性"面板中设置"中间调"选项下的色阶值分别为 +18、+14、+36，"阴影"选项下的色阶值分别为 -8、-4、+10，"高光"选项下的色阶值分别为 +3、+5、0，对画面整体的色调进行细微的调整。

02 按下快捷键 Shift+Ctrl+Alt+E，盖印可见图层，将盖印后的图层转换为智能对象图层，执行"滤镜 > 锐化 > USM 锐化"菜单命令，在打开的对话框中设置"数量"为 70%，"半径"为 0.5 像素，"阈值"为 0 色阶，完成设置后单击"确定"按钮，在图像窗口中可以看到画面的细节变得更加清晰。

技巧 **图层的盖印与合并**

按下快捷键 Ctrl+Alt+E，将盖印多个选定图层或链接的图层，此时，Photoshop 将创建一个包含合并内容的新图层；按下快捷键 Shift+Ctrl+Alt+E，盖印可见图层，Photoshop 将创建包含合并内容的新图层；执行"图层 > 拼合图像"或从"图层"面板菜单中选中"拼合图像"命令，可以将所有的图层拼合到一个图层中，以压缩文件的大小。

9.3 相机店铺首页装修设计

本案例是为数码相机店铺制作的网店首页，设计中用线条作为指引，并通过蓝色来表现出冰冷、机械之感。

■ 1. 技术制作要点

- 用"钢笔工具"在相机的边缘创建路径，将创建的路径转换为选区，利用选区创建图层蒙版，由此来抠取相机。
- 使用"画笔工具"来绘制出欢迎模块的背景，通过"柔边圆"画笔使其呈现出溶图的效果。
- 利用"渐变叠加""投影""描边"等图层样式对画面中的文字、图形等进行修饰，使其效果更加的绚丽。
- 使用"椭圆工具""矩形工具"等绘图工具绘制出页面中所需的图形。
- 通过"横排文字工具"在画面中添加所需的文字，并利用"字符"面板对文字的颜色、字体、字号和字间距的属性进行设置。

素 材	随书资源包 \ 素材 \09\17.jpg 、18.jpg
源文件	随书资源包 \ 源文件 \09\ 相机店铺首页装修设计 .psd

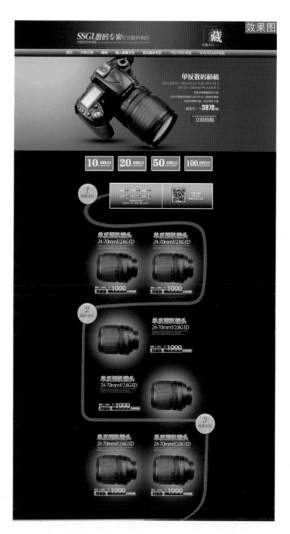

2. 配色分析

蓝色在设计中是现代科学的象征色，它给人以冷静、沉思、理性、智慧的感觉，本案例是为数码商品店铺设计的网店首页，画面的主色调确定为蓝色，可以让色彩与商品所要传递的特质相符，通过对蓝色这种色相的明度和纯度进行微调，扩展其配色，让色彩的表现力更加丰富，如下图所示。

由于蓝色是一种冷色调，与之相对应的就是橘色、黄色和红色等代表暖色的色彩，如右图所示，在首页的重要信息部分，我们选用了"对比色搭配"的方式来进行设计，在视觉上形成对比，让画面色彩更显活泼。

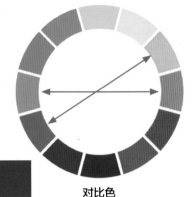

对比色

画面主色调   画面辅助色配色

3. 布局分析

通过错落的方式对画面进行布局，可以在画面中形成自然的曲线。本案例中为了让商品之间产生自然的分组效果，绘制出了一条蜿蜒的曲线来对画面进行分割，将商品放在曲线的弯曲位置，使得商品的分类独具创意，如下图所示。这样的设计让画面显得干净利落，同时表现出一定的自由感，与相机包罗万象的特质一致。

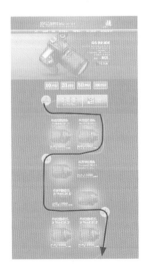
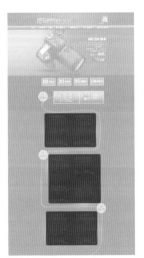

4. 利用光影增强层次

光影是指画面中光线的方向和投影，在网店装修中，由于商品是从素材照片中抠取出来的，其光影的表现并不完整。因此，后期设计中，为了让画面呈现出完整的层次和视觉，可以通过调整背景色、添加投影等方式来人工定义商品的光影效果，让商品的立体感和真实感增强，有助于提升商品的形象。

下图所示为本案例中通过斜45°光、背景光等编辑方式对商品进行修饰的制作效果，可以看到通过光影的修饰，原本扁平的商品表现出了真实的立体感。

9.3.1 绘制蓝色调的店招和导航

本案例以蓝色为主要色调对首页进行配色，在网店首页的背景使用了暗蓝色进行填充，并通过简单的文字制作出店招和导航，利用图层样式对文字和导航的背景进行修饰，使其效果更加精致，其具体的制作步骤如下。

01 新建一个文档，将文件的背景填充上 R1、G12、B55 的颜色，接着选择"画笔工具"，在其选项栏中进行设置，调整前景色为 R0、G216、B255，在画面的顶部进行绘制。

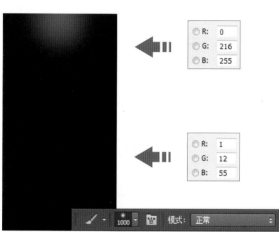

02 使用"矩形选框工具"在画面的顶部创建矩形的选区，接着在"图层"面板中单击"添加图层蒙版"按钮，为图层添加图层蒙版，对其显示进行控制，在图像窗口中可以看到编辑后的效果。

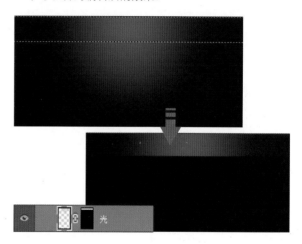

03 选择工具箱中的"横排文字工具"，在适当的位置单击，输入所需的内容，打开"字符"面板对文字的字体、字号和字间距等进行设置，在图像窗口中可以看到编辑后的效果。

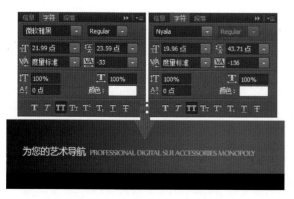

04 输入店名，接着双击文本图层，在打开的"图层样式"对话框中勾选"投影"和"渐变叠加"复选框，并对相应的选项卡中的参数进行设置，在图像窗口中可以看到编辑后的效果。

05 选择工具箱中的"横排文字工具"，在适当的位置单击，输入所需的内容，打开"字符"面板对文字的字体、字号和字间距等进行设置，再用"矩形工具"绘制出所需的线框。

06 选择工具箱中的"矩形工具"在适当的位置绘制一个矩形，作为导航的背景，接着双击该图层，在打开的"图层样式"对话框中勾选"渐变叠加"复选框，并对相应的选项进行设置。

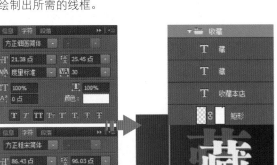

07 选择工具箱中的"横排文字工具"，在适当的位置单击，输入导航中所需的文字，打开"字符"面板对文字的字体、字号和字间距等进行设置，在图像窗口中可以看到编辑后的导航和店招效果。

9.3.2 抠取相机打造精致的欢迎模块

相机素材的背景是白色的，为了使其融入欢迎模块的背景中，我们需要将其抠取出来，这部分将通过抠取相机、添加文字和按钮的方式打造出精致的欢迎模块，具体的制作方法如下。

01 选择工具箱中的"矩形选框工具"，在适当的位置创建矩形选区，接着为其填充颜色，选择"画笔工具"，在矩形的左上角位置绘制，制作出渐变的效果。

02 将相机图像素材 **17.jpg** 添加到图像窗口中，适当调整图像的大小，使用"钢笔工具"沿着其边缘创建路径，接着通过"路径"面板将其转换为选区，以选区为标准添加图层蒙版，把相机抠选出来

03 创建"色阶 1"调整图层，在打开的"属性"面板中设置 RGB 选项下的色阶值分别为 0、0.30、255，接着将其蒙版填充上黑色，使用白色的"画笔工具"对蒙版进行编辑，将相机周围变暗。

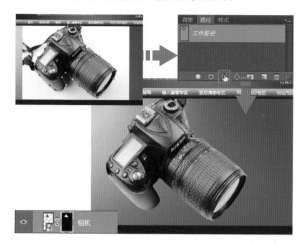

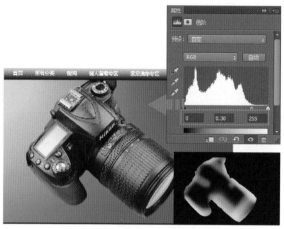

04 将除了相机和"色阶"调整图层之外的图层隐藏，盖印可见图层，将该图层转换为智能对象图层，执行"滤镜＞锐化＞ USM 锐化"菜单命令，在打开的对话框中设置参数，对相机细节进行锐化处理。

05 将隐藏的图层显示出来，选择工具箱中的"横排文字工具"，在适当的位置单击，输入所需的内容，在"字符"面板中对文字的字体、字号和字间距等进行设置，在图像窗口中可以看到编辑后的效果。

06 选择"圆角矩形工具"绘制出按钮的形状，为其应用"斜面和浮雕""内阴影""内发光""光泽"和"颜色叠加"样式，接着在按钮上添加文字，使用"投影"样式来修饰文字，完成欢迎模块的制作。

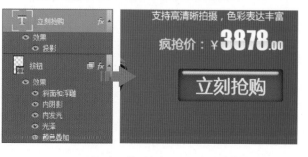

9.3.3 添加优惠券和客服

　　为了让首页中的信息更加吸引顾客，在欢迎模块的下方，添加了领取优惠券和客服区域，通过形状工具、文字工具和图层样式的编辑，让这部分的内容与整个画面匹配，其具体的制作步骤如下。

01 使用"矩形工具"绘制一个矩形，填充上 R238、G97、B5 的颜色，接着通过"描边"样式对其进行修饰，再绘制一个白色的矩形，放在适当的位置，在图像窗口中可以看到编辑的效果。

02 选择工具箱中的"横排文字工具"，在适当的位置单击，输入所需的内容，打开"字符"面板对文字的字体、字号和字间距等进行设置，在图像窗口中可以看到编辑后的效果。

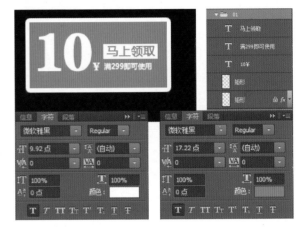

03 对绘制完成的一组领取优惠券的图层组进行复制，适当调整每组信息之间的位置，使用"横排文字工具"在文字上单击，更改文本内容，在图像窗口中可以看到编辑的效果。

04 使用"矩形工具"绘制一个矩形，使用"描边"和"渐变叠加"对其进行修饰，接着在矩形的上方添加旺旺的头像、二维码和相关文字，完成客服区域的制作，在图像窗口中可以看到编辑的效果。

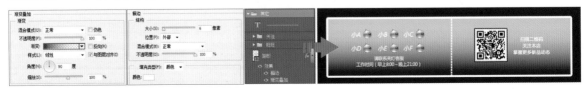

9.3.4 制作用线条引导视线的商品区

　　本案例使用了具有引导作用的曲线来对画面中的商品进行归类，这个小节我们将绘制线条、抠取相机的镜头、添加文字等，并对首页下面部分信息进行编辑，具体的操作步骤如下。

01 使用"画笔工具"在适当的位置绘制出所需的曲线，接着以这条曲线为基准创建路径文字，输入破折号制作出虚线的效果，将制作后的效果合并起来，命名为"线条"。

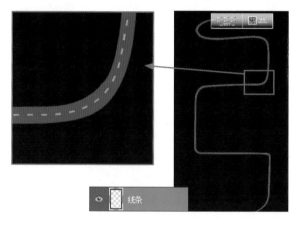

02 使用"椭圆工具"绘制两个圆形，调整圆形的大小，使用"斜面和浮雕""颜色叠加""描边""内阴影"和"投影"样式对绘制的圆形进行修饰，将其作为标志的背景。

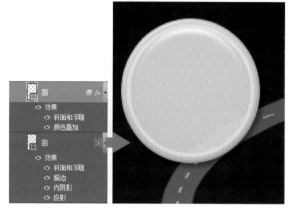

03 选择工具箱中的"横排文字工具"，在圆形标志的适当位置上单击，输入所需的内容，打开"字符"面板对文字的字体、字号和字间距等进行设置，在图像窗口中可以看到编辑后的效果。

04 对前面绘制的标志进行两次复制，适当调整每组标志的位置，使用"横排文字工具"在文字上单击，更改文本内容，在图像窗口中可以看到编辑后的效果。

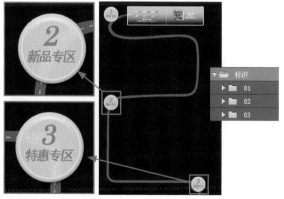

05 使用"画笔工具"在适当的位置绘制出背景光的效果，接着将镜头图像素材 **18.jpg** 添加到图像窗口中，通过"钢笔工具"和"路径"面板将镜头抠取出来，放在背景光的上方位置。

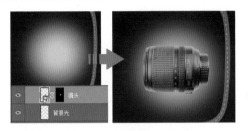

06 创建"亮度 / 对比度 1"调整图层，设置"亮度"为 -128、"对比度"为 48，对该图层的蒙版进行编辑，将镜头的四周变暗。

07 使用"矩形工具"绘制出所需的矩形，放在镜头的下方位置，使用"内发光"和"渐变叠加"图层样式对矩形进行修饰，让矩形的外观更具设计感，在图像窗口中可以看到编辑的效果。

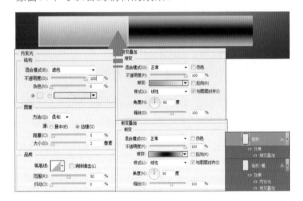

08 使用"横排文字工具"在相机镜头的四周添加上所需的文字，分别设置文字的属性，并为部分文字添加图层样式进行修饰。

09 参考前面编辑相机镜头、绘制矩形和添加文字的操作方法，在首页的其他位置制作出所需的商品展示，在图像窗口中可以看到编辑后的效果，完成本案例的制作。

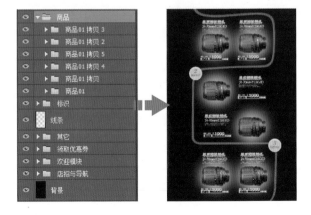

第10章 单品印象——宝贝详情页面装修

　　宝贝详情页面就是顾客进入单个商品时所呈现出来的页面，这个页面中会包含与该商品相关的所有的详细信息。宝贝详情页面装修得成功与否，将直接影响到该商品的销售。通常情况下，在宝贝详情页面中需要设计橱窗照、宝贝详情信息、售后信息和侧边栏等，将这些内容组合在一起，就塑造出了一件商品较为全面的形象。因此设计宝贝详情页面是网店装修中最为重要的工作之一，接下来本章将通过设计裙装、女包和金饰的详情页面，来为读者讲解其设计的技巧和方法。

本章重点

- 裙装
- 金饰
- 腕表

10.1 裙装详情页面设计

本案例是为时尚女装设计的详情页面，该页面中通过整体展示、尺寸说明、细节展示和售后服务内容来介绍裙装的特点和销售信息，体现其专业化、高品质的一面。

■ 1. 技术制作要点

- ● 通过"自定形状工具""椭圆工具""矩形工具"绘制出标题栏中所需的形状，将其合理地组合在一起，制作出线性化简约风格的标题栏。
- ● 使用"色阶""色相/饱和度"等调整图层对裙装照片的影调和色调进行调整，使照片与商品的真实色彩吻合。
- ● 使用"横排文字工具"为画面添加上所需的文本信息，并通过"字符"面板对文本属性进行设置。
- ● 利用"剪贴蒙版"功能将裙装的局部展示出来，并使用"描边"图层样式对细节图像的边缘进行修饰。
- ● 通过"图层蒙版"来显示照片中局部的植物，制作出橱窗照中的背景，利用"磁性套索工具"将模特抠选出来，合成完整的橱窗照。

素　材　随书资源包 \ 素材 \10\01.jpg ～ 03.jpg

源文件　随书资源包 \ 源文件 \10\ 裙装详情页面设计 .psd

原 图

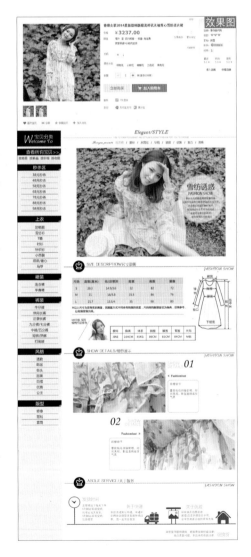

效果图

■ 2．配色分析

本案例的配色要从两个方面进行分析：一方面是从画面的设计元素配色进行分析，另一方面要从裙装照片进行分析。在本案例配色的过程中，将设计元素的配色定义为无彩色，也就是使用黑、白、灰色来进行创作，因为黑色和灰色可以提高画面的品质感与档次，呈现出高端的视觉效果，而裙装的照片色彩较为清新，将清新的裙装色彩与灰度的设计元素色彩进行对比，能够形成强烈的反差，让裙装的形象更加突出，有助于商品的表现，使整个页面主次分明。

画面设计元素配色

商品照片配色分析

■ 3．线性风格的标题栏设计

本案例的标题栏主要使用窄小的线条进行表现，将详情页面的信息进行合理的分割，在线条的两端分别添加皇冠图形和文字，由此丰富标题栏的内容，使其更具设计感和美感。

■ 4．详尽的尺寸说明设计

使用详尽的尺寸说明指示出裙装各个部位的大小，让顾客能够更加直观地感受到商品的形象，并添加模特的尺寸，给顾客以参考，进一步让顾客理解和认识商品的外形。

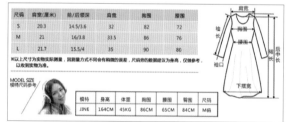

■ 5．可视化的售后服务设计

在宝贝详情页面的最下面，添加了该裙装的售后服务信息，从"发货时间""关于快递""关于色差"和"退换货"方面进行分析与阐述，提升顾客对店铺的信任感，让顾客能够放心地购物。

售后服务的设计中，使用了可视化的流程式进行设计，将具体的图像与文字结合起来，以时间轴的方式表现出服务的顺序和内容，让顾客直观地感受到商家服务的力度和诚意。

10.1.1 设计标题栏确定页面风格

本案例的标题栏主要包含了文字、修饰线条和皇冠图形，通过使用"横排文字工具""椭圆工具""矩形工具"和"自定形状工具"来完成创作，由此来确定整个页面的设计风格，其具体的操作如下。

01 启动 Photoshop CC 应用程序，新建一个文档，选择工具箱中的"横排文字工具"，输入所需的文字，在"字符"面板中分别为输入的每组文字设置不同的属性，并将其组合在一起。

02 分别选中工具箱中的"椭圆工具"和"矩形工具"，设置填充色为黑色，绘制出圆形和矩形条，将其放在一起，作为标题栏的基本形状，在图像窗口中可以看到编辑后的效果。

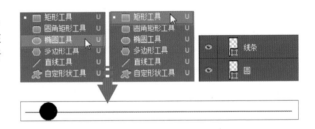

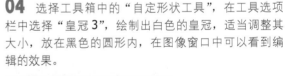

03 选择工具箱中的"横排文字工具"，在适当的位置单击，输入所需的文字，打开"字符"面板对文字的颜色、字体、字号等属性进行设置，并放在线条下方适当的位置。

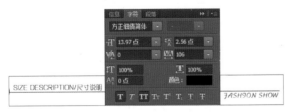

04 选择工具箱中的"自定形状工具"，在工具选项栏中选择"皇冠3"，绘制出白色的皇冠，适当调整其大小，放在黑色的圆形内，在图像窗口中可以看到编辑的效果。

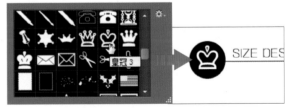

10.1.2 制作详尽的裙装展示页面

在裙装的详情页面中，主要包含了四个方面的内容，即整体展示、尺寸说明、细节展示和售后服务，它们分别使用标题栏来进行分割布局，通过统一的配色和设计元素来完成制作，其具体的制作方法如下。

01 将模特图像素材 **01.jpg** 添加到图像窗口中，接着调整其大小，放到适当的位置，使用"矩形选框工具"创建出矩形的选区，以选区为标准添加图层蒙版，在图像窗口中可以看到编辑的效果。

02 将图像添加到选区，接着创建"色阶 1"调整图层，在打开的"属性"面板中设置参数，调整 RGB 选项下的色阶值分别为 5、1.31、255，提高画面的亮度和层次，在图像窗口中可以看到编辑后的效果。

03 再次将图像添加到选区，创建"色相/饱和度 1"调整图层，在"属性"面板中设置"红色"选项下的"饱和度"参数为 +13，"青色"选项下的"饱和度"参数为 +38，对画面中的特定色彩进行调整。

04 绘制出一个圆形，填充上白色，使用"描边"图层样式对其进行修饰，在打开的"图层样式"对话框中设置参数，最后在"图层"面板中设置该图层的"填充"选项参数为 **70%**。

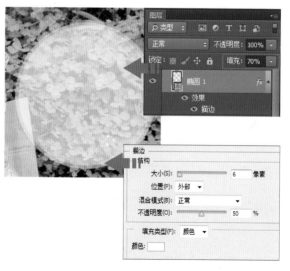

05 选择工具箱中的"横排文字工具",输入所需的文字,在"字符"面板中分别为输入的每组文字设置不同的属性,适当调整文字的大小,并将其组合在一起,放入圆形中,在图像窗口中可以看到编辑后的效果。

06 选择工具箱中的"矩形工具",绘制出色彩不一的矩形,分别填充上适当的颜色,将其组合成表格的样式,最后将编辑的图层合并在一起,命名为"背景矩形",作为宝贝详情参数的背景。

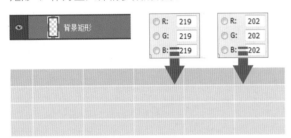

07 选择工具箱中的"横排文字工具",在表格适当的位置单击,输入所需的参数和信息,调整文字的大小和位置,并为文字设置填充色为黑色,在图像窗口中可以看到编辑的效果。

尺码	肩宽(厘米)	前/后领深	肩宽	胸围
S	20.3	14.5/3.6	32	82
M	21	16/3.8	33.5	86
L	21.7	15.5/4	35	90

※以上尺寸为实物实际测量,因测量方式不同会有细微的误差。尺码旁的数据建议为身高,仅做参考,以收到实物为准。

08 使用工具箱中的"矩形工具"和"钢笔工具"绘制出所需的衣裙的形状,并添加上相应的文字对其不同的部位进行说明,接着为画面添加模特照片,将其抠选出来,最后添加文字和表格信息,丰富画面的内容。

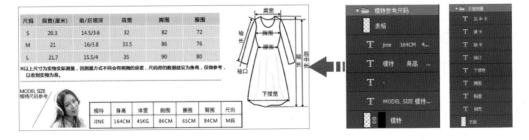

💡 **专家提点:绘图模式**

在开始进行绘图之前,必须从选项栏中选取绘图模式,绘图模式将决定是在自身图层上创建矢量形状,还是在现有图层上创建工作路径,或是在现有图层上创建栅格化形状。

09 选择工具箱中的"矩形工具"，绘制出所需的矩形，分别填充上适当的颜色，接着为其中一个矩形添加"描边"样式，并在相应的选项卡中对各项参数进行设置，在图像窗口中可以看到编辑后的效果。

10 将模特图像素材 02.jpg 添加到图像窗口中，创建剪贴蒙版的方式控制显示，并为其创建"色阶 2"调整图层，在"属性"面板中设置 RGB 选项下的色阶值分别为 18、1.16、211，提高图像的层次。

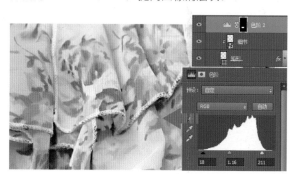

11 选择工具箱中的"横排文字工具"，输入所需的文字，并按照一定的顺序进行排列，接着使用"圆角矩形工具"和"自定形状工具"添加所需的形状，适当调整大小，放在恰当的位置。

12 参考前面的编辑方法，制作出另外一组细节显示，或者可以对前面绘制的细节展示进行复制，通过修改文字、图像和颜色的方式进行编辑，在图像窗口中可以看到第二组细节展示的效果。

13 使用"钢笔工具"绘制出所需的形状，并将其组合在一起，合并到一个图层中，接着使用"横排文字工具"在适当的位置添加所需的文字，调整文字的属性和位置，在图像窗口中可以看到编辑后的效果。

10.1.3 ▶ 单色简约的侧边分类栏

为了让整个画面的风格保持一致，在本案例侧边分类栏的设计中，使用了单色的简约色块，利用线条来对分类栏中的信息进行修饰，具体的制作方法如下。

01 选择工具箱中的"矩形工具"，在宝贝详情介绍的左侧绘制出一个矩形，为其填充上 R238、G238、B238 的颜色，无描边色，在图像窗口中可以看到编辑后的效果。

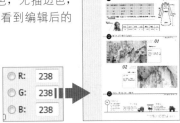

02 使用"矩形工具"绘制一个黑色的矩形，无描边色，通过"横排文字工具"在矩形的上方添加所需的文字，适当调整文字的大小，按照所需的位置进行排列，在图像窗口中可以看到编辑的效果。

03 使用工具箱中的"钢笔工具"绘制出所需的多边形，适当调整形状的位置，使其看起来好像纸片折角的效果，分别为其填充上黑色和 R105、G104、B104 的颜色，无描边色，在图像窗口中可以看到编辑后的效果。

04 使用"横排文字工具"在适当的位置单击，输入所需的文字，打开"字符"面板在其中设置文字的属性，在图像窗口中可以看到编辑的效果。

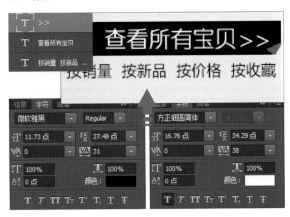

05 参考前面的编辑方法，制作出分类栏中其余分组的信息，以水平居中的排列方式组合在一起，在图像窗口中可以看到编辑的效果，完成侧边分类栏的制作。

10.1.4 清新自然的裙装橱窗照

在裙装商品的橱窗照的设计中，通过合成的方式将模特的形象与植物的背景组合在一起，再利用"色阶"和"色相/饱和度"调整图层对画面的影调与色调进行修饰，其具体的制作方法如下。

01 将模特图像素材 01.jpg 添加到图像窗口中，适当调整其大小，使用"矩形选框工具"创建出正方形的选区，用绘制的选区来创建图层蒙版，对图像的显示进行控制，只显示出植物部分。

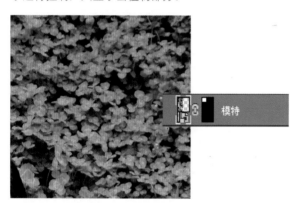

02 将模特图像素材 03.jpg 添加到图像窗口中，适当调整其大小，接着使用"磁性套索工具"沿着人物的边缘创建选区，将人物抠选出来，利用选区添加蒙版将人物与背景合成在一起。

03 将模特图像添加到选区中，接着创建"色阶 3"调整图层，在打开的"属性"面板中依次拖曳 RGB 选项下的色阶值分别到 0、1.22、236 的位置，提亮人物的影调，在图像窗口可以看到人物图像变亮了。

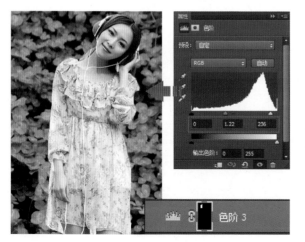

04 为人物选区创建"色相/饱和度 2"调整图层，在打开的"属性"面板中设置"青色"选项下的"饱和度"选项参数为 +50，"红色"选项下的"饱和度"选项参数为 +13。

10.2 金饰详情页面设计

本案例是为金饰设计的宝贝详情界面，鉴于金饰特殊的材质和较小的体积，在制作该页面时要突显金饰的造型、质感等特点，提高商品的档次。

■ 1. 技术制作要点

● 使用"矩形工具"绘制出矩形条，利用"渐变工具"对图层蒙版进行编辑，制作出两端渐隐效果的线条，完成标题栏的创作。

● 使用"钢笔工具"沿着戒指的边缘创建路径，将路径转换为选区，添加图层蒙版把金饰图像抠取出来。

● 利用"横排文字工具"为画面添加所需的文字，并在"字符"面板中设置文字的属性。

● 使用"曲线""色阶""亮度/对比度"和"色相/饱和度"调整图层来对金饰的影调和色调进行调整，使其呈现出金光闪闪的效果。

● 通过"USM 锐化"滤镜来让金饰的细节更加清晰和精致。

| 素 材 | 随书资源包\素材\10\07.jpg ～ 11.jpg、13.jpg，12.psd |
| 源文件 | 随书资源包\源文件\10\金饰详情页面设计.psd |

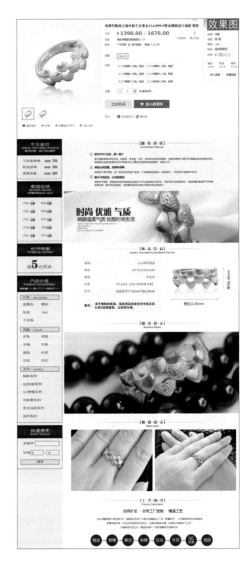

■ 2．配色分析

案例中的金饰属于暖色调，而与之相搭配的暗红色也属于暖色调，而咖啡色是中性暖色调，这几种颜色搭配在一起，可以让画面表现出浓浓的热情，呈现出一种高贵、优雅的视觉效果。而由于饰品的金色与暗红色和咖啡色之间存在强烈的反差，使其更加的突显，完整地呈现出一种最辉煌的光泽色，与大自然中太阳的颜色相似，营造出一种温暖与幸福的感觉，表现出照耀人间、光芒四射的魅力。

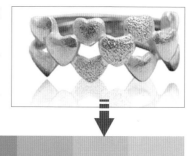

设计元素配色分析 商品颜色配色分析

■ 3．简约大气的标题栏

线条是标题栏中常用的一种元素，在本案例中为了突显大气、简约的视觉，将标题栏中的线条设计为渐隐渐现的效果，这样的设计使得线条给人以无限扩张的感觉，而标题文字中中英文相互对应的搭配，并将其放置在居中位置，使得其信息的表现更突出，有助于顾客第一时间抓住重点信息。

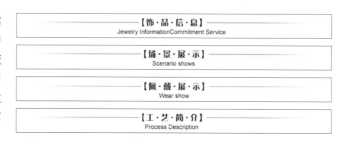

■ 4．详尽的流程式的工艺介绍

为了增强金饰在顾客心中的认可度，在宝贝详情页面的底部，添加了详尽的制作工艺，按照时间的先后顺序，以箭头为指导进行设计，让顾客直观地了解商品的制作流程，便于顾客理解和阅读，有助于提高网店的专业度和品质。

■ 5．内容丰富的侧边栏

为了让顾客感受到网店的服务品质，在设计该案例侧边栏的时候，通过暗色的标题来对每组信息进行分割，在其中添加了金价、客服、收藏和搜索等信息，众多内容丰富的信息能够让顾客第一时间掌握到与商品相关的内容，有助于提高顾客的购买欲，让商品的信息表现更加完整，同时突显画面设计的精致感。

在详情页面中包括了服务承诺、饰品信息、场景展示、佩戴展示和工艺简介，一共五个方面的内容，都是以标题栏分割开的，在每组信息中都包含了内容丰富的金饰介绍，其具体的制作方法如下。

01 新建一个文档,使用"矩形工具"绘制出一个矩形,填充上 R245、G245、B245 的颜色,无描边色,接着使用"横排文字工具"添加所需的文字,并打开"字符"面板设置文字的属性。

02 使用"椭圆工具"绘制出正圆形,适当调整其大小,填充上 R201、G201、B201 的颜色,无描边色,放在适当的位置,并对圆形进行复制,在每段文字的开始位置放置一个。

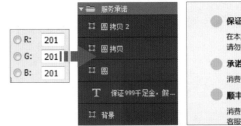
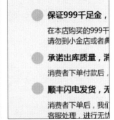

03 使用"横排文字工具"添加标题,并打开"字符"面板对文字的属性进行设置,在图像窗口中可以看到编辑的效果。

04 为添加的文字添加图层蒙版,在工具箱中选择"渐变工具",设置渐变色为线性渐变,并调整渐变色为黑色到白色到黑色,使用该工具对图层蒙版进行编辑,让文字呈现出两侧渐隐的效果,在图像窗口中可以看到编辑的效果。

05 使用"矩形工具"绘制出一个矩形,接着将饰品图像素材 07.jpg 添加到图像窗口,适当调整其大小,创建剪贴蒙版,对饰品的显示进行控制,在图像窗口中可以看到编辑的效果。

06 将饰品素材添加到选区中，接着创建"曲线 1"调整图层，在打开的"属性"面板中对曲线的形状进行编辑，提亮饰品的亮度，在图像窗口中可以看到饰品画面变得更亮了。

07 为饰品选区创建"亮度/对比度 1"调整图层，在打开的"属性"面板中设置"亮度"选项的参数为 6，"对比度"选项的参数为 31，提亮饰品图像的亮度和对比度，使其层次增强。

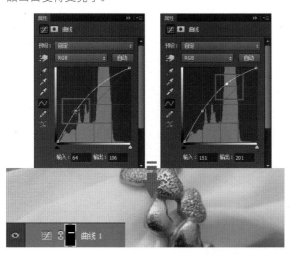

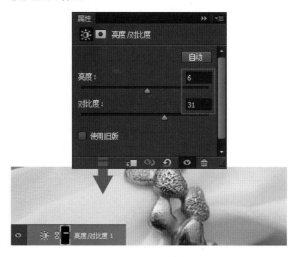

08 为饰品选区创建"色阶 1"调整图层，在打开的"属性"面板中设置 RGB 选项下的色阶值为 0、1.00、240，更进一步地对饰品的亮度和层次进行调整，在图像窗口中可以看到编辑的效果。

09 选择工具箱中的"横排文字工具"，在图像窗口中适当的位置单击，添加所需的文字，将文字放在画面的左侧，最后创建图层组，命名为"广告图"，对编辑的图层进行管理。

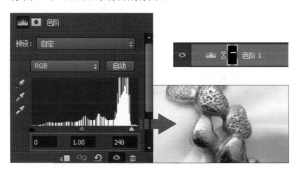

10 对前面绘制的标题栏进行复制，更改复制后标题栏中的文字信息，接着使用"矩形工具"绘制出所需的矩形，填充上 R245、G245、B245 的颜色，无描边色，将其作为文字的底色背景。

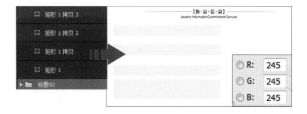

11 选择工具箱中的"横排文字工具",在图像窗口中适当的位置单击,添加上所需的文字,对饰品进行详细介绍,最后创建图层组,命名为"文字",对编辑的图层进行管理。

12 将饰品图像素材 **08.jpg** 添加到图像窗口中,接着使用"钢笔工具"沿着饰品边缘创建路径,将绘制的路径转换为选区,以选区为标准创建图层蒙版,将饰品图像抠选出来。

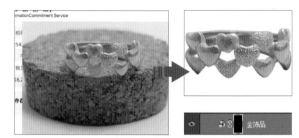

13 对编辑的金饰品图层进行复制,进行栅格化和应用蒙版操作后,将其拖曳到饰品的下方,进行垂直翻转处理,使用"渐变工具"对其添加的图层蒙版进行编辑,制作出金饰的倒影。

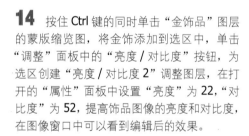

14 按住 **Ctrl** 键的同时单击"金饰品"图层的蒙版缩览图,将金饰添加到选区中,单击"调整"面板中的"亮度/对比度"按钮,为选区创建"亮度/对比度 2"调整图层,在打开的"属性"面板中设置"亮度"为 **22**,"对比度"为 **52**,提高饰品图像的亮度和对比度,在图像窗口中可以看到编辑后的效果。

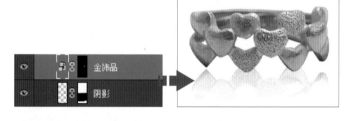

15 再次将饰品添加到选区中,为其创建"色相/饱和度 1"调整图层,在打开的"属性"面板中设置"全图"选项下的"色相"选项参数为 **-3**,"饱和度"选项的参数为 **+17**,适当调整金饰的颜色。

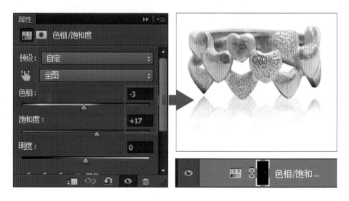

16 选中工具箱中的"横排文字工具"，在适当的位置单击，添加上所需的符号，使其呈现出标尺的样式，打开"字符"面板对文字的属性进行设置，在图像窗口中可以看到编辑的效果。

17 选择"横排文字工具"继续进行操作，在适当的位置添加上饰品的尺寸信息，打开"字符"面板设置文字的属性，在图像窗口中可以看到编辑的效果，完成金饰详情的介绍。

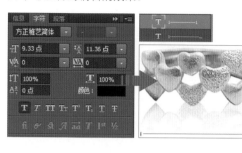

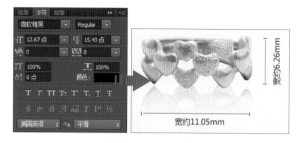

10.2.2 精致的场景及佩戴展示

场景展示和佩戴展示是以周围场景与模特亲自佩戴作为主要表现，在设计中要注意与金饰色调保持一致，还要确保金饰的清晰度，其具体的制作如下。

01 对前面编辑的标题栏进行复制，更改复制后标题栏的文字信息，接着绘制出矩形，将饰品图像素材 09.jpg 添加到图像窗口中，通过使用剪贴蒙版对饰品的显示进行控制，在图像窗口中可以看到编辑的效果。

02 将饰品素材添加到选区中，为选区创建"曲线 2"调整图层，在打开的"属性"面板中对曲线的形状进行调整，提亮画面的亮度，在图像窗口中可以看到编辑后的饰品变得更亮了。

03 为饰品创建"色相/饱和度 2"调整图层，在打开的"属性"面板中设置"全图"选项下的"色相"为 -7，"红色"选项下的"色相"为 -25，"明度"为 +33，对特定的颜色进行细微的调整。

04 对前面绘制的标题栏进行复制，更改复制后标题栏的文字信息，接着使用"圆角矩形工具"在适当的位置绘制出圆角矩形，对绘制的圆角矩形进行复制，将两个圆角矩形按照底边对齐的方式进行排列。

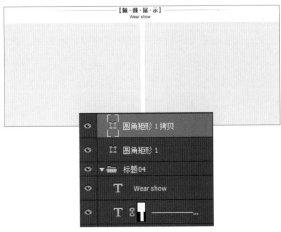

05 将模特佩戴饰品的图像 **10.jpg**、**11.jpg** 添加到图像窗口中，适当调整图层的位置，通过创建剪贴蒙版的方式对图片的显示进行控制，在图像窗口中可以看到编辑后的效果。

06 将饰品素材添加到选区，分别使用不同的色阶调整图层设置对图像的层次和亮度进行调整，在图像窗口中可以看到编辑后的效果。

07 将编辑饰品的图层进行复制，合并复制的图层，将其命名为"合并-模糊"，接着选择"模糊工具"，在其选项栏中设置参数，在手部的皮肤上进行涂抹，让手部的皮肤变得更加细腻和光滑。

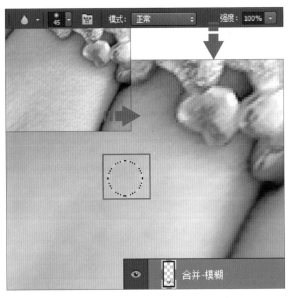

08 对前面编辑的饰品图层进行复制，接着合并在一个图层中，将该图层转换为智能对象图层，执行"滤镜＞锐化＞USM锐化"菜单命令，在打开的对话框中设置参数，对图像进行锐化处理。

09 将饰品图像添加到选区，分别为其创建"自然饱和度1"与"色相/饱和度3"调整图层，在打开的"属性"面板中对各个选项的参数进行设置，调整画面的色彩，在图像窗口中可以看到编辑的效果。

10 对前面绘制的标题栏进行复制，调整复制后标题栏中的文字信息，接着使用"横排文字工具"在适当的位置添加上所需的文字，并在"字符"面板中设置文字的属性，按照居中进行排列。

11 选择工具箱中的"椭圆工具"，绘制出所需的圆形，填充上R72、G45、B34的颜色，无描边色，对编辑的圆形进行复制，按照相同的间距进行排列，在图像窗口中可以看到编辑的效果。

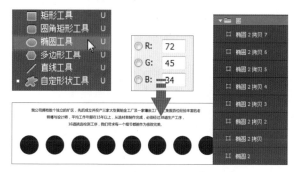

12 选择工具箱中的"横排文字工具"在图像窗口中适当的位置输入箭头，接着打开"字符"面板对箭头的字体进行设置，在图像窗口中可以看到编辑的效果。

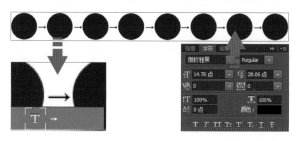

13 使用"横排文字工具"在适当的位置添加所需的文字，并在"字符"面板中设置文字的属性，将文字放在圆形上，完成详情页面的制作。

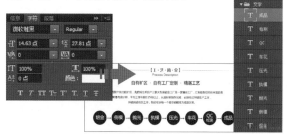

10.2.3 多组信息组成的侧边栏

本案例是为金饰设计的详情页面，由于金饰是较为特殊且贵重的商品，所以在侧边栏中为其添加了多组信息，包括了今日金价、客服、收藏、分类和搜索信息，每组信息都与金饰有着密切的关联，让顾客能够感受到店家无微不至的服务，其具体的制作如下。

01 使用"矩形工具"绘制灰色的矩形作为侧边栏的背景，接着再次绘制一个矩形，使用"描边"样式对其进行修饰，并设置"填充"选项为 0%，在图像窗口中可以看到编辑的效果。

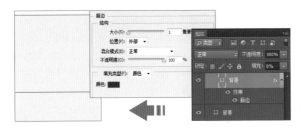

02 再次绘制一个矩形，双击该矩形图层，在打开的"图层样式"对话框中勾选"渐变叠加"复选框，并在相应的选项卡中对参数进行设置，在图像窗口中可以看到编辑的效果。

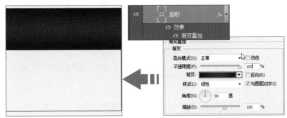

03 使用"横排文字工具"在绘制的矩形中添加所需的文字，标明金饰的价格，并适当调整文字的大小和颜色。

04 参考前面绘制矩形线框和渐变矩形的方法，制作出"客服在线"专区的大致形状，以相同的字体为该区域添加所需的标题和客服的名称，在图像窗口中可以看到编辑的效果。

05 将旺旺头像素材 12.psd 添加到图像窗口中，按下快捷键 Ctrl+T，使用自由变换框对旺旺头像的大小进行调整，接着对旺旺头像进行复制，放在客服名称的右侧，按照一定的位置进行排列，最后创建图层组，对编辑的图层进行管理和分类。

06 参考前面绘制矩形线框和渐变矩形的方法，制作出"好评晒图"专区的大致形状，以相同的字体为该区域添加所需的标题，在图像窗口中可以看到编辑的效果。

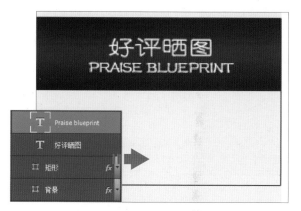

07 使用"横排文字工具"在适当的位置添加"返5元现金"的字样，打开"字符"面板，对文字的字体、字号和颜色进行设置，在图像窗口中可以看到编辑的效果。

08 参考前面绘制矩形线框和渐变矩形的方法，制作出"产品分类"专区的大致形状，以相同的字体为该区域添加所需的标题，在图像窗口中可以看到编辑的效果。

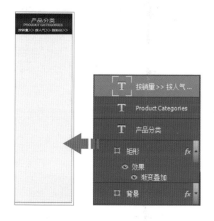

09 使用"矩形工具"绘制出所需的矩形，填充上适当的颜色，接着使用"渐变叠加"和"描边"样式对其进行修饰，并在"图层"面板中设置其"填充"选项的参数为20%。

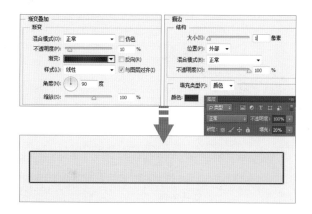

10 使用"横排文字工具"在适当的位置添加相关的分类信息的文字，打开"字符"面板，对文字的字体、字号和颜色进行设置，将文字放在适当的位置，在图像窗口中可以看到编辑的效果。

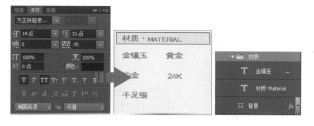

11 参考前面的编辑，制作出其余的分组信息的文字和形状，并创建图层组，对每组分类信息的图层进行管理和分类，在图像窗口中可以看到编辑后的效果。

12 参考前面绘制矩形线框和渐变矩形的方法，制作出"快速搜索"专区的大致形状，并使用"矩形工具"和"横排文字工具"完善该区域的内容。

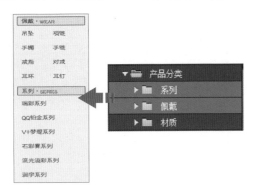

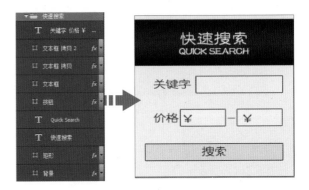

10.2.4 典雅简约的金饰橱窗照

由于材质特殊，金饰本身就是一个充满诱惑的商品，在设计橱窗照片的过程中，只需将金饰完美的外形、色泽和细节表现出来，就能打造出典雅简约的效果，其具体的制作方法如下。

01 使用"矩形选框工具"创建出正方形的选区，接着为选区创建"渐变填充 1"图层，在打开的"渐变填充"对话框中对相关的选项进行设置，完成设置后在图像窗口中可以看到编辑的效果，作为橱窗照的背景。

02 将金饰图像素材 09.jpg 添加到图像窗口中，使用"钢笔工具"沿着饰品边缘创建路径，将路径转换为选区，以选区为标准创建图层蒙版，将金饰图像抠选出来，并适当调整其角度、大小和位置。

03 按住 Ctrl 键的同时单击"金饰"图层的图层蒙版缩览图，将金饰图像添加到选区中，在图像窗口中可以看到创建的选区效果。

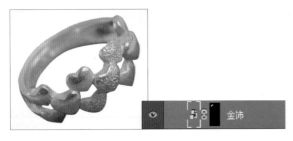

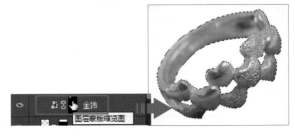

04 为选区创建"色相/饱和度 1"调整图层，在打开的"属性"面板中设置"全图"选项下的"色相"选项的参数为 -2，"饱和度"选项的参数为 +38，对金饰的颜色进行细微的调整。

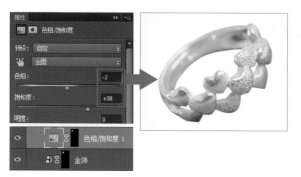

05 再次将金饰添加到选区中，创建"色阶 6"调整图层，在打开的"属性"面板中依次拖曳 RGB 选项下的色阶值分别到 30、1.36、219 的位置，在图像窗口中可以看到金饰的图像变亮了。

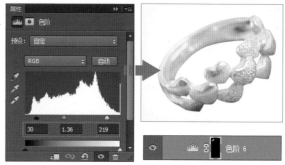

06 再次将金饰添加到选区中，创建"亮度/对比度 3"调整图层，在打开的"属性"面板中设置"亮度"选项的参数为 14，"对比度"选项的参数为 19，提高金饰的亮度和对比度。

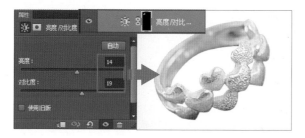

07 创建"颜色填充 1"图层，设置填充色为 R247、G212、B0，将该图层的蒙版填充为黑色，把金饰添加到选区中，使用白色的"画笔工具"在金饰上进行涂抹，对颜色填充图层的蒙版进行编辑。

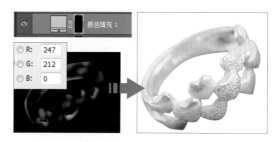

08 将前面编辑金饰的所有的图层进行复制，合并在一个图层中，将该图层转换为智能对象图层，接着执行"滤镜＞锐化＞ USM 锐化"菜单命令，在打开的"USM 锐化"对话框中设置"数量"为 100%，"半径"为 2.0 像素，"阈值"为 1 色阶，对图像进行锐化处理，在图像窗口可以看到编辑的效果，完成本案例的制作。

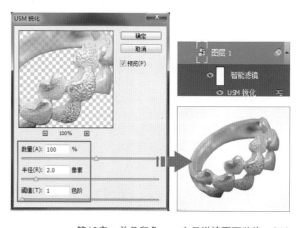

10.3 腕表详情页面设计

本案例是为腕表设计的详情页面，画面中以黑色作为背景，暗色影调让腕表的金属材质表现得更加硬朗和高贵，突显腕表高品质的形象。

■ 1. 技术制作要点

● 使用"明度"混合模式将腕表图像与黑色的背景自然地融合在一起，并通过"亮度/对比度"调整图层来增强表面的金属光泽感。

● 利用"USM 锐化"滤镜来增强腕表表盘细节的锐利度，表现出精致的细节。

● 利用"横排文字工具"为画面添加所需的文字，并在"字符"面板中设置文字的属性。

● 使用"斜面和浮雕""描边""光泽"和"图案叠加"来对侧边栏的图形进行修饰，制作出金属光泽的质感。

● 通过多种形状工具的使用，绘制出画面中所需的形状，辅助文字和商品的表现。

| 素材 | 随书资源包\素材\10\14.jpg ~ 17.jpg、12.psd |
| 源文件 | 随书资源包\源文件\10\腕表详情页面设计.psd |

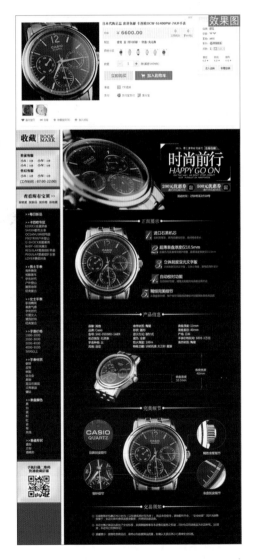

■ 2．配色分析

鉴于本案例中的腕表为无彩色的金属色，商品自身的色彩形成了一种无彩色配色。在黑白的商品画面中，在寻求整体画面统一的同时，把暗红色添加到其中，将单一的色彩进行有意识的放大，创作出色彩辅助点，让无彩色与有彩色之间形成碰撞，强烈的对比效应可以使顾客产生视觉上的刺激感，从而留下较为深刻的印象。在无彩色中添加小面积的单一有彩色的方式，可大幅度提升商品的整体印象，其具体设计和配色如右图所示。

■ 3．与腕表风格相互辉映的侧边栏

在本案例的侧边栏的设计中，为了使整个商品的详情页面不论是材质还是配色都高度的一致，制作侧边栏标题背景矩形的时候，为其添加了多种图层样式，使其呈现出金属的光泽，这与腕表外观中硬朗的金属质地相互一致，表现出和谐、统一的视觉，让顾客深刻地感受到一种色彩和谐、质感和谐的愉悦之感。

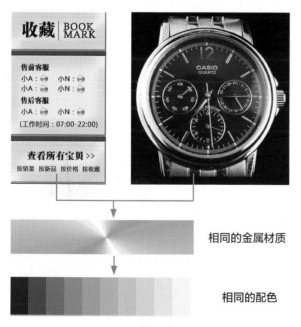

相同的金属材质

相同的配色

■ 4．清晰的测量与指示

由于腕表是一种价格较贵的商品，为顾客展示出其细节和品质是设计宝贝详情页面的关键。在本案例的制作中，通过标尺测量来告知顾客表面的宽度和厚度，直观地为顾客树立出商品的外观尺寸印象，接着通过对局部区域进行放大，让顾客掌握腕表表盘中更多的细节，更进一步地突显商品的细节。微距的放大表现能够体现出腕表的精致和品质，可以在顾客的心中留下深刻的印象。

10.3.1 冷酷大气的广告图

在本案例详情页面的顶部，设计和添加了一张腕表的广告图，将艺术化编排后的文字与腕表侧面深邃的图像组合在一起，营造出冷酷大气的氛围，提升了腕表的档次，其具体的制作方法如下。

01 新建一个文档，绘制一个黑色的矩形作为宝贝详情页面的背景，接着将腕表图像素材 13.jpg 添加到图像窗口，适当调整其大小和位置，设置该图层的混合模式为"明度"。

02 使用"矩形工具"和"钢笔工具"绘制出所需的边框形状，填充上白色，无描边色，接着选择"横排文字工具"为画面添加所需的文字，打开"字符"面板对文字的属性进行设置。

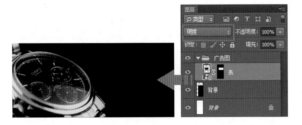

03 使用"钢笔工具"绘制出所需的形状，填充上 R125、G0、B34 的颜色，接着选择"横排文字工具"为画面添加所需的文字，打开"字符"面板对文字的属性进行设置，在图像窗口中可以看到编辑后的效果。

04 使用"椭圆工具"和"矩形工具"绘制出所需的形状，接着为其添加"颜色叠加"图层样式，将其作为修饰形状，在图像窗口中可以看到编辑的效果。

05 选择工具箱中的"横排文字工具"，在适当的位置单击，输入所需的优惠券信息，并对文字的字体、颜色和字号等进行设置，在图像窗口中可以看到编辑后的效果，完成广告图的制作。

10.3.2 暗色调详情页面

在详情页面中使用标题栏对正面展示、产品信息、完美细节和交易须知各个组之间的内容进行分割，使用黑色作为画面背景，打造出深邃、精致的画面效果，其具体的制作方法如下。

01 使用"椭圆工具"绘制出正圆形，用"钢笔工具"绘制出三角形，使用"渐变叠加"对三角形进行修饰，接着添加所需的文字，打开"字符"面板对文字的属性进行设置，完成标题栏的制作。

02 将腕表图像素材 **14.jpg** 拖曳到图像窗口中，得到相应的智能对象图层，适当调整腕表的大小和位置，接着使用图层蒙版对腕表的显示进行控制，并设置图层的混合模式为"明度"，在图像窗口中可以看到编辑后的效果。

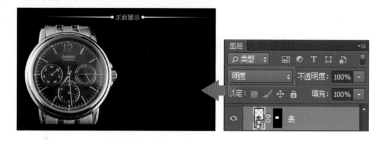

03 将腕表添加到选区，创建"亮度/对比度1"调整图层，在打开的"属性"面板中设置"对比度"选项参数为 100，提高明度和暗部之间的对比，在图像窗口中可以看到编辑后的效果。

04 使用"矩形工具"绘制一个矩形，为其设置适当的填充色，无描边色，接着使用"横排文字工具"输入数字，打开"字符"面板对文字的属性进行设置，在图像窗口中可以看到编辑后的效果。

第10章 单品印象——宝贝详情页面装修 247

05 继续使用"横排文字工具"添加所需的文字，打开"字符"面板对文字的属性进行设置，并分别设置文字的颜色为白色和灰色，调整文字的位置，在图像窗口中可以看到编辑的效果。

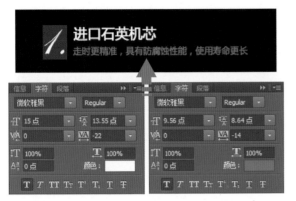

06 参考前面的设置，在图像窗口中制作出其他的文字信息，并创建图层组，对每组文字信息进行分组管理，在图像窗口中可以看到编辑的效果。

07 对前面编辑的标题栏图层组进行复制，适当移动标题栏的位置，接着使用"横排文字工具"更改其标题的内容为"产品信息"，在图像窗口中可以看到编辑后的效果。

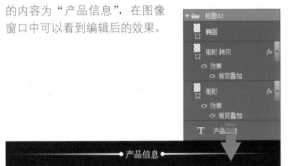

08 选择"横排文字工具"在适当的位置单击，输入所需的文字，打开"字符"面板对文字的行间距、字间距、字体、字号和颜色等进行设置，在图像窗口中可以看到编辑的效果。

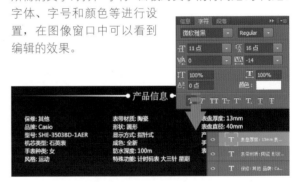

09 将腕表图像素材 **15.jpg** 添加到图像窗口中，使用"钢笔工具"沿着腕表的边缘绘制路径，将路径转换为选区，为图层添加图层蒙版，抠取腕表，接着在"图层"面板中设置混合模式为"明度"。

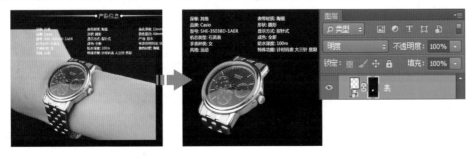

10 将腕表添加到选区中，为其创建"亮度/对比度2"调整图层，在打开的"属性"面板中设置"亮度"选项的参数为 **16**，"对比度"选项的参数为 **56**，提高腕表的亮度和对比度。

11 使用"直线段工具"和"自定形状工具"绘制出所需的直线和箭头，接着对绘制的形状的角度和位置进行调整，为腕表的宽度和厚度进行标示，在图像窗口中可以看到编辑的效果。

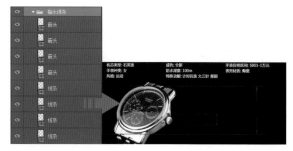

12 使用"横排文字工具"在适当的位置单击，输入所需的文字信息，打开"字符"面板对文字的属性进行设置，在图像窗口中可以看到腕表尺寸标示后的编辑效果。

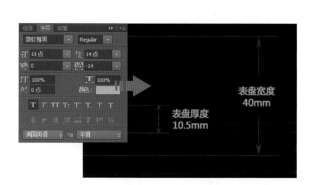

13 对前面编辑的标题栏图层组进行复制，适当移动标题栏的位置，接着使用"横排文字工具"更改其标题的内容为"完美细节"，将所需的腕表的素材拖曳到图像窗口中，得到相应的智能对象图层，适当调整腕表的大小和位置，并设置图层的混合模式为"明度"，在图像窗口中可以看到编辑的效果。

14 对添加的腕表的素材进行复制，接着使用"椭圆选框工具"创建圆形的选区，对腕表的细节进行显示，并使用"描边"图层样式对其进行修饰，在图像窗口中可以看到编辑的效果。

15 对前面编辑的腕表的细节图进行复制，合并在一个图层中，将其转换为智能对象图层，设置混合模式为"明度"，最后使用"USM 锐化"滤镜对图像进行锐化处理，使其细节更加清晰。

16 将腕表添加到选区中，为其创建"亮度 / 对比度 3"调整图层，在打开的"属性"面板中设置"对比度"选项的参数为 88，提高明度和暗部的对比度，在图像窗口中可以看到编辑的效果。

17 使用"直线段工具"和"椭圆工具"绘制出所需的形状，并为其设置相同的填充色，按一定的位置对绘制的形状进行摆放，在图像窗口中可以看到编辑的效果。

18 选择工具箱中的"横排文字工具"，在适当的位置单击，对每个细节进行说明，打开"字符"面板对文字的属性进行设置，在图像窗口中可以看到编辑后的效果。

19 对前面绘制的标题栏进行复制，制作出"交易须知"的标题栏，接着使用"横排文字工具"添加所需的文字，并使用"自定形状工具"绘制所需的形状，在图像窗口中可以看到编辑的效果，完成宝贝详情页面的制作。

10.3.3 金属材质的侧边栏设计

在本案例侧边栏的设计和制作中，通过添加图层样式让绘制的形状呈现出金属材质的光泽，使其与腕表的材质相互辉映，并利用多组信息使侧边栏的内容丰富而精致，其具体的制作方法如下。

01 使用"矩形工具"绘制出侧边栏的矩形，填充上一定的灰度，接着再次绘制一个矩形，作为侧边栏单组信息的背景，使用"斜面和浮雕""描边""光泽"和"图案叠加"图层样式对其进行修饰，制作出金属质感的效果。

02 使用"横排文字工具"在适当的位置单击，添加所需的文字，打开"字符"面板对文字的属性进行设置，然后使用"矩形工具"绘制出所需的线条，在图像窗口中可以看到收藏区的设计效果。

03 对前面绘制的金属光泽的矩形进行复制，适当调整其大小，作为客服区的背景，接着使用"横排文字工具"添加所需的文字，并将旺旺头像放置到其中，在图像窗口中可以看到客服区的设计效果。

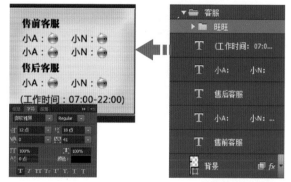

04 对前面绘制的金属光泽的矩形进行复制，适当调整其大小，作为分类区的背景，接着使用"横排文字工具"添加所需的文字，制作出分类区的标题，在图像窗口中可以看到制作效果。

05 使用"横排文字工具"输入所需的文字，对文字的颜色、字体和字号进行适当的设置，制作出侧边分类栏的分组信息，放在适当的位置，在图像窗口中可以看到编辑的效果。

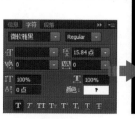

06 对前面绘制的金属光泽的矩形进行复制，适当调整其大小，作为二维码区域的背景，添加所需的文字和二维码图片，在图像窗口中可以看到二维码区域的设计效果，完成侧边栏的制作。

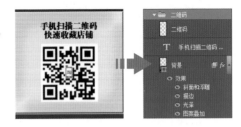

10.3.4 简约大气的腕表橱窗照

腕表橱窗照主要展示腕表的表面，使用"USM 锐化"和"色阶"来对腕表表面的细节和层次进行调整，突显腕表的局部细节，使其刻度、表盘等局部更加精致，具体操作如下。

01 使用"矩形选框工具"创建正方形的选区，新建图层，在图层中为创建的选区填充上黑色，作为橱窗照的背景。

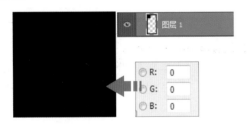

02 将腕表图像素材 16.jpg 添加到图像窗口中，适当调整其大小，使用图层蒙版控制其显示范围，设置混合模式为"明度"，在图像窗口中查看效果。

03 对前面编辑的橱窗照进行复制，接着将其转换为智能对象图层，设置该图层的混合模式为"明度"，执行"滤镜＞锐化＞ USM 锐化"菜单命令，在打开的对话框中设置"数量"为 60%，"半径"为 1.0 像素，"阈值"为 1 色阶，完成后确认设置，对腕表进行锐化。

04 创建"色阶 1"调整图层，在打开的"属性"面板中依次拖曳 RGB 选项下的色阶值分别到 14、1.16、248 的位置，提高图像的层次和对比度，在图像窗口中可以看到图像编辑后的效果，完成本案例的制作。

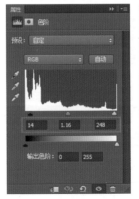